Petra Waldminghaus

30 Minuten

Erfolgsfaktor Erscheinungsbild

Bibliografische Information der Deutschen Nationalbibliothek

Die Deutsche Nationalbibliothek verzeichnet diese Publikation in der Deutschen Nationalbibliografie; detaillierte bibliografische Daten sind im Internet über http://dnb.d-nb.de abrufbar.

Umschlaggestaltung: die imprimatur, Hainburg
Umschlagkonzept: Martin Zech Design, Bremen
Lektorat: Eva Gößwein, Berlin
Grafiken: unikat GmbH, Wuppertal
Foto „Brille" u. Foto der Autorin: Kathrin Heikaus, Ratingen
Satz: Zerosoft, Timisoara (Rumänien)
Druck und Verarbeitung: Salzland Druck, Staßfurt

Hinweis:
Das Buch ist sorgfältig erarbeitet worden. Dennoch erfolgen alle Angaben ohne Gewähr. Weder Autorin noch Verlag können für eventuelle Nachteile oder Schäden, die aus den im Buch gemachten Hinweisen resultieren, eine Haftung übernehmen.

Printed in Germany

ISBN 978-3-86936-811-5

In 30 Minuten wissen Sie mehr!

Dieses Buch ist so konzipiert, dass Sie in kurzer Zeit prägnante und fundierte Informationen aufnehmen können. Mithilfe eines Leitsystems werden Sie durch das Buch geführt. Es erlaubt Ihnen, innerhalb Ihres persönlichen Zeitkontingents (von 10 bis 30 Minuten) das Wesentliche zu erfassen.

Kurze Lesezeit

In 30 Minuten können Sie das ganze Buch lesen. Wenn Sie weniger Zeit haben, lesen Sie gezielt nur die Stellen, die für Sie wichtige Informationen beinhalten.

- Alle wichtigen Informationen sind blau gedruckt.

- Schlüsselfragen mit Seitenverweisen zu Beginn eines jeden Kapitels erlauben eine schnelle Orientierung: Sie blättern direkt auf die Seite, die Ihre Wissenslücke schließt.

- *Zahlreiche Zusammenfassungen innerhalb der Kapitel erlauben das schnelle Querlesen.*

- Ein Fast Reader am Ende des Buches fasst alle wichtigen Aspekte zusammen.

- Ein Register erleichtert das Nachschlagen.

Inhalt

Vorwort

Nutzen Sie die Chance des ersten Eindrucks! In Millisekunden entscheidet unser Gegenüber, ob es mit uns Geschäfte machen möchte oder nicht. Auch unser Outfit beeinflusst in diesem Moment unsere Wirkung. Wir alle schließen nach wie vor von der Verpackung auf den Inhalt!

Früher war es leichter. Klare Dresscodes für die verschiedenen Berufsgruppen bildeten noch in der Generation unserer Eltern das verlässliche Gerüst für die Kleiderwahl. Der Geschäftsführer erschien im dunklen Anzug mit gedeckter Krawatte, die Sekretärin im Kostüm, und in einigen Unternehmen durfte am Casual Friday das Sakko gegen einen Pullover getauscht werden. Diese Konventionen verblassen heute oder werden individuell interpretiert. Sich selbst als Marke zu stilisieren – das sogenannte Personal Branding – ist Trend. Erfolgreich ist, wer auch optisch unverwechselbar ist und positiv auffällt.

Mein Ziel ist, Ihnen mit Fachwissen und Hintergrundinformationen die grundlegende Kompetenz zu vermitteln, sich ebenso wirkungsvoll wie authentisch zu präsentieren. In diesem Ratgeber lernen Sie, durch die Betonung Ihrer optischen Stärken, die geschickte Farb- und Kontrastwahl sowie den richtigen Einsatz von Accessoires Ihre Wirkung gezielt zu optimieren. Einfache und effektive Selbsttests schulen Ihre Wahrnehmung und geben nachvollziehbare Entscheidungshilfen.

Dieser Ratgeber ist nicht als starres Regelwerk konzipiert. Dogmatische Dos and Don'ts in Sachen Kleidung und Stil wird es in diesem Buch nicht geben, sondern Hilfe zur Selbsthilfe.
Nach der 30-Minuten-Lektüre können Sie auf der Grundlage von Form-, Farb- und Stilwissen Ihren eigenen unverwechselbaren Code kreieren, oder Sie gewinnen einfach nur die Sicherheit, für jede Gelegenheit das Passende im Schrank zu haben.

Viel Spaß beim Outfit-Tuning und vor allem viel Erfolg durch die entstehenden Wirkungsmöglichkeiten wünscht Ihnen

Petra Waldminghaus

30 MINUTEN

Warum ist der erste Eindruck so wichtig?

Seite 10

Wissen Sie, wie Sie auf andere wirken?

Seite 13

Sieht man Ihnen Ihr Business an?

Seite 14

1. Aussehen und Erfolg

Aussehen und Erfolg stehen in direktem Zusammenhang. Schöne Menschen haben es nachgewiesenermaßen einfacher. Doch dabei geht es nicht um eine angeborene Schönheit, sondern um die stimmige und glaubwürdige Selbstpräsentation.
Der scheinbar leichteste Weg ist dabei der Blick auf andere: Gerne orientieren wir uns an Vorbildern und versuchen, deren Erfolgsrezept auf uns zu übertragen. Doch das ist selten zielführend. Sinnvoll ist stattdessen ein Perspektivwechsel – weg von den anderen und hin zu uns selbst und unserer eigenen Wirkung:
Wer bin ich? Was macht mich aus? Sieht man mir mein Business eigentlich an? Die Beantwortung dieser Fragen hat direkte Auswirkungen auf Ihre optische Performance. Denn Sie sind ein Individuum mit einer eigenen, unverwechselbaren Ausstrahlung.

1.1 Heiligenschein oder Teufelshörner?

Eindrücke entstehen in Millisekunden. Unser Gegenüber bildet sich in einem Wimpernschlag eine Meinung von uns. Diese entsteht aufgrund von optischen Eindrücken und individuellen Erfahrungswerten. Das heißt: Niemand wird objektiv beurteilt. Das ist ungerecht, bietet aber große Chancen. Denn wer die wichtigsten optischen Signale kennt und sich authentisch inszeniert, kann seine persönliche Wirkung entscheidend beeinflussen.

Was beeindruckt positiv, was wirkt negativ?
Beobachten Sie sich selbst: Wann sind Sie spontan von jemandem begeistert, wann haben Sie ein ungutes Gefühl beim ersten Kontakt? Können Sie erkennen, woran das jeweils liegt?

Wir nehmen unser Gegenüber mit all unseren Sinnen wahr – über sein Erscheinungsbild, seine Körpersprache, seine Stimme, seine Ausdrucksweise und auch seine Umgangsformen. Sind diese Signale stimmig, fassen wir Vertrauen und spüren die Echtheit, die Authentizität, unseres Gegenübers – hier glänzt dann ein kleiner Heiligenschein. Differieren die Eindrücke, werden wir misstrauisch. Man kann dies den Teufelshörner-Effekt nennen. Manchmal kann ein kleines Hörnchen jedoch ganz charmant sein.

Generell geht es weniger darum, perfekt zu erscheinen, sondern darum, glaubhaft, vertrauenswürdig, echt und

als Person greifbar zu sein. Perfekte Menschen sind uns suspekt – da gibt es bestimmt einen Haken! Zudem schafft Perfektion Distanz und hat schnell einen überheblichen Beigeschmack. So besteht die Möglichkeit, das Gegenüber zu verunsichern, was sich beispielsweise in einer Kundenbeziehung negativ auf den Geschäftserfolg auswirken kann.
Es gibt viele unterschiedliche Möglichkeiten, Wirkung zu erzeugen – doch mit dem Outfit hat jeder ein einfaches Tool zur Verfügung, das einen großen Einfluss auf die Wahrnehmung der anderen hat. Outfit-Tuning geht über veraltete Dresscode-Regeln hinaus und zeigt im Idealfall, wofür Sie stehen.

Wie wir wirken, hängt von der subjektiven Wahrnehmung unseres Gegenübers ab. Das ist eine Tatsache, die uns zugleich herausfordert und entspannt. Welche optischen Signale sprechen Sie an, wodurch entsteht bei Ihnen Vertrauen zu Ihrem Gegenüber?

1.2 An die Skeptiker

Dass es im Berufsleben immer wieder darum geht, andere für sich zu gewinnen, bestreitet wohl niemand. Aber muss es dabei um Äußerlichkeiten gehen? Sollten Sie sich wirklich mit Ihrem Aussehen und dem Inhalt Ihres Kleiderschranks beschäftigen?

Für die Herren: Vorurteil innere Werte

Vor allem Männer sind sich sicher: In der Berufswelt punkten vor allem die inneren Werte und das Know-how nachhaltig und bringen Erfolg. Die Sorge um das Erscheinungsbild ist deshalb bloße Zeitverschwendung, eben nur „Frauenkram".

Fakt ist jedoch, dass in der schnell getakteten Wettbewerbsgesellschaft viele erst gar keine Chance bekommen, diese Stärken unter Beweis zu stellen. Deshalb lohnt es sich, die Macht des ersten Eindrucks zu nutzen.

Und die Damen?

Frauen definieren sich viel mehr über ihr Äußeres – und sie werden auch viel stärker danach beurteilt. Überlegen Sie doch nur einmal, wie oft Deutschland über das Outfit von Angela Merkel diskutiert und über Bilder von ihr aus vergangenen Tagen lacht. Welcher männliche Politiker musste sich vergleichbarem Spott aussetzen?

Wenn Frauen auf ihr Äußeres reduziert werden und dabei ihre Kompetenz ganz aus dem Blick gerät, ist das bedauerlich und letztlich für alle Beteiligten von Nachteil. Allerdings haben Frauen den Männern in gewisser Hinsicht auch etwas voraus: Sie sind sich der Bedeutung des Erscheinungsbilds meist viel bewusster und haben mehr Erfahrung damit, ihre Wirkung durch ihr Outfit gezielt zu beeinflussen. Der vermeintliche Frauenkram wird so zum Schlüssel zum Erfolg.

Ich möchte ich bleiben!

Vieles spricht also dafür, sich einmal ganz bewusst mit dem eigenen Erscheinungsbild zu befassen. Zunächst gilt es aber, eine weitere Befürchtung zu zerstreuen: Bei meinen Beratungen äußern viele Kunden Bedenken, nach dem Outfit-Tuning „verkleidet“ zu sein. Eine authentische und individuelle Inszenierung orientiert sich jedoch an der Persönlichkeit, den Körperproportionen, der Kontrastfähigkeit und der vorhandenen Präsenz. Somit ist die Sorge unberechtigt. Und mal ehrlich: Anziehen müssen wir doch alle etwas!

Einige Menschen sind der Meinung, dass das Aussehen in der Berufswelt keine Rolle spiele. Doch Kompetenz und innere Werte lassen sich beim entscheidenden ersten Eindruck oft gar nicht vermitteln. Ein Outfit-Tuning lohnt sich also – und es hat nichts mit Verkleiden zu tun.

1.3 Sich seiner selbst bewusst sein

Wie sehen Sie sich selbst? Was sind Ihre Stärken, wie schätzen Sie Ihre Wirkung auf andere ein? Und wie möchten Sie gerne sein – welchen Eindruck wollen Sie hinterlassen?

Ein Erfahrungswert ist, dass viele von uns sich zu sehr auf die negativen Seiten konzentrieren, anstatt die Stär-

ken zu betonen. Beim Blick in den Spiegel fallen uns immer zuerst unsere Mankos auf, für die wir uns teilweise schämen und die wir aufwendig kaschieren. Häufig so sehr, dass wir sie schon wieder betonen.
Unser Gegenüber dagegen kennt unsere vermeintlichen Mängel gar nicht und nimmt sie daher meistens auch nicht wahr. Wir werden ganzheitlich gesehen. Betonen wir also unsere Stärken, treten Schwachstellen automatisch in den Hintergrund.
Beispiel: *Ein junger Manager mit schütterem Haar hat vor allem sein Haarproblem im Fokus und erkennt deshalb nicht, dass seine sportliche Figur im gut geschnittenen Anzug viel mehr beim Gegenüber punktet und er deshalb als dynamisch und agil wahrgenommen wird.*
Natürlich geht es auch andersherum: Wer nur seine Stärken im Blick hat und diese überdeutlich wahrnimmt, läuft Gefahr, sich selbst zu überschätzen.

30 *Ziehen Sie selbst eine Bilanz Ihrer optischen Stärken und Schwächen. Fragen Sie ehrliche Kritiker, wie diese Sie wahrnehmen. Werden Sie sich Ihrer persönlichen Wirkung bewusst.*

1.4 Wen möchten Sie beeindrucken?

Sicher ist, dass Sie nicht jeden durch Ihre Präsenz gewinnen können. Deshalb sollten Sie sich die Frage stel-

len, wen Sie damit eigentlich beeindrucken möchten. Denn davon hängt auch die Ausrichtung Ihres Outfit-Tunings ab.

Beispiel: *Ein Unternehmensberater kam perfekt mit dunklem Anzug, weißem Hemd und roter Krawatte bekleidet zum Beratungstermin. Trotz seines makellosen Erscheinungsbilds klagte er jedoch darüber, dass er nicht wirklich gut bei seinen Kunden ankomme. Die Frage nach seiner Zielgruppe brachte schnell Licht in die Problematik: Er berät Friseure zu wirtschaftlichen Angelegenheiten. Durch sein sehr formelles Auftreten hat er eine zu große Distanz zur Zielkundschaft aufgebaut. Ein Outfit mit wertiger Jeans und Lederjacke bewirkt in seinem Fall deutlich mehr, zumal bereits seine ganze Persönlichkeit Kompetenz und Perfektion ausstrahlt.*

Stellen Sie sich folgende Fragen:

- Haben Sie eine starke Eigenpräsenz und kommen Sie gut im Job an oder werden Sie leicht übersehen?
- Mit wem treffen Sie in Ihrem beruflichen Kontext zusammen?
- Wie möchten Sie von den jeweiligen Zielgruppen wahrgenommen werden?
- Welche Wirkung passt zu Ihrer Dienstleistung/ Ihrem Produkt?
- Repräsentieren Sie Ihr Metier, Business oder Produkt?

Es gibt keine starren Dresscodes mehr

„Ab sofort brauchen wir in unserer Firma keine Krawatten mehr zum Anzug zu tragen, wir sind von einem amerikanischen Konzern aufgekauft worden", so ein Kunde. *„Die Kollegen kommen jetzt immer im dunklen Anzug und weißem Hemd. Damit kann man zwar nicht viel falsch machen, sieht aber aus wie der Oberkellner"*, ergänzt er.

Der Verfall ehemals klarer Dresscode-Regeln selbst in konservativen Branchen verunsichert, birgt aber auch neue Chancen, mit Know-how an der eigenen Wirkung zu feilen, seinen Auftritt zu verstärken und sich optisch klar zu positionieren.

So schätzen Sie Ihre persönliche Wirkung realistisch ein:

- ***Beobachten Sie, was Sie bei anderen Menschen anspricht oder abstößt.***
- ***Listen Sie die positiven und negativen Merkmale Ihrer äußeren Erscheinung auf. Vergleichen Sie anschließend Ihre Selbsteinschätzung mit der Wahrnehmung von Personen, denen Sie vertrauen und die Ihnen ehrlich zugewandt sind. Ziehen Sie Bilanz.***
- ***Erstellen Sie sich eine Liste der Wirkungen, die Sie durch Ihr äußeres Erscheinungsbild erzielen möchten, und behalten Sie diese beim Lesen der folgenden Kapitel im Blick.***

30 MINUTEN

2. Kleidung, die anzieht

Ob jemand gut gekleidet ist, hängt von vielen Faktoren ab. Dabei spielen die aktuellen Modeströmungen eher eine untergeordnete Rolle. Denn trotz wechselnder Trends gibt es fast immer alles zu kaufen. Wichtigstes Kriterium bei der Auswahl passender Kleidung ist Ihr individuelles Erscheinungsbild. Körperbau, Haut- und Haarstruktur, Ihr Gesichtsschnitt und die persönliche Ausstrahlung sowie Ihre Mimik und Gestik bestimmen, welche Schnitte, Kombinationen und Materialien Ihre individuelle Stilaussage unterstreichen. Die Kunst besteht also darin, aus dem unübersichtlichen Fashionangebot die passenden Teile herauszusuchen, um Ihre körperlichen Vorzüge zu betonen und um die gewünschte Wirkung zu erzielen.

2.1 Körperproportionen beachten

Auf unserem Weg zu Ihrer idealen Garderobe befassen wir uns zuerst mit Ihrer Figur. Stellen Sie sich zur Bestandsaufnahme frontal vor einen Ganzkörperspiegel und schätzen Sie Ihre Proportionen ein. Das Ergebnis gibt Aufschluss darüber, welche Schnitte für Sie empfehlenswert sind.

- Wirkt der Oberkörper betont? Liegt der optische Schwerpunkt auf dem Unterkörper oder sind Schulter- und Hüftbreite ausgeglichen? (Ein zusätzlicher Blick auf das seitliche Körperprofil hilft, dies zu erkennen.)
- Ist Ihre Schulterpartie gerade, abfallend oder ungleich?
- Beine oder Oberkörper – was wirkt länger?
- Haben Sie einen deutlichen Tailleneinschnitt oder ist der Taillenbereich eher gerade?
- Haben Sie kräftige Arme im Verhältnis zum Körperstamm und/oder den Beinen?
- Erscheint Ihr Hals eher kurz oder lang?

Die seitliche Perspektive gibt außerdem Auskunft, ob ein Bauch, ein Hohlkreuz, ein Rundrücken oder bei den Damen ein größerer Busen ausgeglichen werden sollte.

Die Länge von Ober- und Unterkörper

Sicher haben Sie nun einige grundlegende Erkenntnisse über Ihre Körperproportionen gesammelt. Jetzt geht

es darum, diese Wahrnehmung noch weiter zu vertiefen und mit ein paar erprobten Selbsttests Ihre idealen Kleiderlängen und -schnitte herauszufinden.

Test 1: Verhältnis Oberkörper zu Unterkörper

Ein Gefühl dafür, wie der gezielte Einsatz von Kleidung die Proportionen verändern kann, bekommen Sie durch folgenden Versuch vor dem Spiegel:

- Ziehen Sie ein möglichst langes Oberteil an (die Herren vielleicht ein langes Hemd oder Shirt).
- Klappen Sie etwa 5 cm des Oberteiles um und beobachten Sie, wie sich das Verhältnis der Bein- zur Oberkörperlänge verändert.
- Nun die nächsten 5 cm. Es sollte zu erkennen sein, dass der Oberkörper bei jedem Umkrempeln etwas kürzer und die Beine länger wirken.
- Irgendwann kommt der Punkt, an dem der Oberkörper zu kurz wirkt. Auf die gleiche Art finden Sie heraus, welche Oberteillänge Ihren Beinbereich betont.
- Erkennen Sie den Punkt, an dem Ihre Proportionen ausgewogen wirken? In diesem Verhältnis sollen Ober- und Unterteil zueinander stehen.

Für die Herren kann dies bedeuten, demnächst auch Freizeithemden mit einem schönen Gürtel in der Hose zu tragen statt lässig über der Hose. Denn die optische Verlängerung der Beine ist bei einer entsprechenden Figur wichtiger als die vermeintliche Lässigkeit.

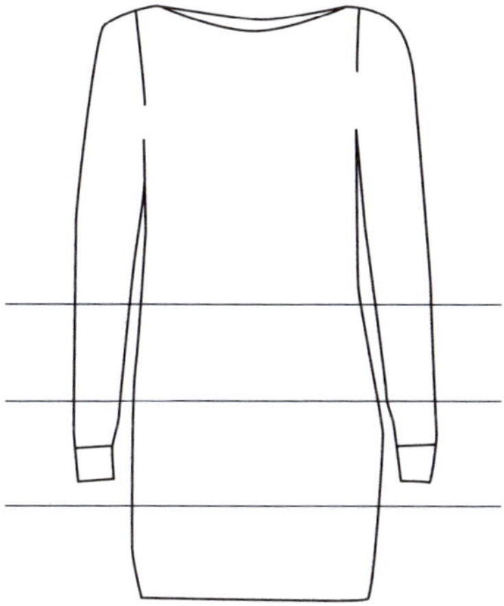

Abb. 1: Durch das Umkrempeln eines Oberteils bekommen Sie ein Gefühl für den Einfluss der Kleidung auf Ihre Proportionen.

Der Umgang mit kräftigen Stellen

Eine wichtige Grundregel lautet: Kleiden Sie Ihre kraftigsten Körperstellen so eng wie möglich, natürlich ohne dass es an eine Wurstpelle erinnert. Das fällt anfangs schwer, denn eigentlich möchten Sie diese Stellen ja verbergen. Die Praxis zeigt jedoch, dass Sie mit weiten, verdeckenden Teilen eher unförmiger wirken. Mit folgender Empfehlung liegen Sie richtig: Lassen Sie ein Kleidungsstück nicht an einer Ihrer breitesten Stellen enden, denn das menschliche Auge wird von einem Stoff- oder Farbwechsel regelrecht angezogen, Sie würden also auf die unliebsame Stelle aufmerksam machen.

Test 2: Vorteilhafte Längenverteilung
Kürzen Sie, wie oben beschrieben, erneut ein langes Oberteil durch Umkrempeln.

- Beobachten Sie, wie sich die breiteste Stelle Ihres Körpers (z. B. Hüfte, Schulter, Bauch, Busen) bei jedem Umkrempeln optisch verändert. Auch bei ausgeglichenen Proportionen gibt es eine vorteilhafte und weniger vorteilhafte Längenverteilung der Kleidung.
- Fragen Sie sich nach jedem Umkrempeln: Wo schaut man hin, was wird betont, wo liegt der Fokus?
- Finden Sie den Moment, an dem der Hingucker die schmalste Stelle ist, das heißt, an dem Ihre schmalste Stelle betont wird. An diesem Punkt ist das Verhältnis von Oberteil und Unterteil häufig optimal im Hinblick auf Ihre Körperproportionen.

Nach diesem Prinzip können Sie auch vorgehen, wenn Sie die optimale Ärmellänge oder die Länge kurzer Hosen bzw. bei den Damen die Rocklänge bestimmen möchten:

- Bedecken Sie dazu anfangs die Arme oder die Beine mit einem langen Kleidungsstück und kürzen dieses dann Schritt für Schritt. Sie werden feststellen, welche Länge für ausgeglichene Proportionen sorgt.

Ein Wort an die Damen: In meinen Beratungen treffe ich viele Frauen, die wegen kräftiger Waden keine Röcke tragen. Wichtig ist dabei allerdings, den ganzen

Körperbau im Blick zu haben. Sind nämlich auch die Arme kräftig, dann passen die Proportionen zusammen und ergeben ein stimmiges Bild.
Probieren Sie bewusst verschiedene Längen und Weiten aus. Durch diese neutrale Betrachtung gewinnen Sie ein realistisches Bild Ihrer eigenen Körperformen. Vergleichen Sie sich nicht mit anderen, vermeintlich schlankeren Personen, sondern investieren Sie Ihre Aufmerksamkeit lieber in sich selbst!
Sie sind unsicher, ob Sie Ihre Proportionen richtig bestimmt haben? Dann setzen Sie auf Teamarbeit – führen Sie die Tests einfach gemeinsam mit Freunden oder Ihrer Familie durch! Davon profitieren alle.

Tipps und Tricks für ausgewogene Proportionen

Ich möchte Ihnen noch ein paar Empfehlungen mit auf den Weg geben, die Ihnen helfen, Bereiche Ihres Körpers optisch zu strecken. Ins Gegenteil verkehrt führen die meisten der folgenden Maßnahmen zur optischen Verkürzung des jeweiligen Bereichs.
Probieren Sie diese Tricks einfach vor dem Spiegel aus. Sie werden die Zusammenhänge selbst sehr gut erkennen.

Ihre Beine/Ihre Hüfte wirken/wirkt länger und schmaler durch:

- körpernahe Linienführung an Ihrer kräftigsten Stelle
- durchgehende Farblinie

- lange Hosen, schmaler werdendes Hosenbein
- Gürtel in Hosenfarbe
- Schuhe in Hosenfarbe und mit streckender Form
- Absatz bei den Damen
- höher sitzender Bund
- möglichst kurze Oberteile
- streckende Elemente wie Bügelfalten, Längsnähte, Nadelstreifen
- feinere Stoffstrukturen
- dunkle, matte Stoffe

Ihr Oberkörper wirkt länger und schmaler durch:

- langgezogene Reversformen
- auf der Schulter sitzende Schulternaht der Oberteile
- einreihige Knopfleiste bei Jacken und Blazern
- durchgängige Farbwahl oder streckende Muster (vgl. Kap. 3.3)
- dunkle, matte Stoffe
- körpernahe Schnitte und feinere Materialien
- Speziell für die Damen:
  - schmal fallende Schals und Ketten
  - längere, körpernahe Oberteile
  - Gürtel in Farbe des Oberteils
  - gut sitzender und haltender BH

Tipp für besonders Kräftige:
Kombinieren Sie ein kürzeres Oberteil mit einer offen darüber getragenen längeren, etwas taillierten Jacke, Weste oder Bluse.

30 *Ein objektiver Blick auf Ihre Körperproportionen ist der erste Schritt auf dem Weg zur idealen Garderobe. So können Sie gezielt Ihre Stärken betonen, um Schwächen zu kaschieren. Durch die vorteilhafte Länge und den passenden Schnitt Ihrer Kleidung können Sie Ihr Erscheinungsbild optimieren.*

2.2 Stilelemente erkennen und einsetzen

Aus einigen Branchen sind die klassischen Kleidungsstücke wie Anzug und Kostüm kaum wegzudenken und sie werden dort sicher noch länger Bestand haben. Gleichzeitig lockern sich starre Regeln und lassen weitere Möglichkeiten zu. In weniger konservativen Branchen bröckelt der Dresscode und eine neue Individualität ist gefragt. Für die einen eine tolle Sache, für die anderen ein beunruhigender Faktor.
Konnte man als Mann bisher mit einem gut sitzenden Anzug überall punkten, stellen sich nun häufig die Fragen: „Kann ich mit Jeans und Sakko gehen? Ist Hemd, Strickjacke und Anzughose eine businessgerechte Kombination und muss es denn eine Krawatte sein?“ Die Entscheidung, was nun richtig ist, hängt von Ihrer persönlichen Ausstrahlung und der gewünschten Wirkung ab.

Kleiner Leitfaden: Was wirkt wie?

Die Wahl unserer Kleidung sendet deutliche Signale an unser Gegenüber. Im Folgenden habe ich aufgeschlüsselt, welche Kleidungsstile und -formen Ihre Wirkung auf welche Weise beeinflussen.

Kompetenz ausstrahlen

Sie möchten korrekt, kompetent, formell und verbindlich wirken? Ihre Ausstrahlung soll Seriosität vermitteln und auch Führungsanspruch signalisieren?
Dann achten Sie bei der Linienführung Ihrer Kleidung auf klare, schnörkellose, körpernahe Schnitte, die allerdings nicht zu eng wirken dürfen, und wählen Sie Oberteile mit Kragen oder Revers. Dazu sollte die Kleidung dezente Nähte, unauffällige Reißverschlüsse, kleine Knöpfe, eingesetzte Taschen und Bundfalten besitzen.
Bei der Wahl des Materials greifen Sie am besten zu hochwertigen, knitterfreien, matten und feinen Stoffen. Es kommen also feine Strickwaren, Kaschmir, edelmatte und fein gewebte Naturfasern, Flanell, glatte Seide sowie edles und glattes Leder oder Wildleder infrage.
Die Muster sollten ebenfalls klassisch sein. Je kleiner und feiner ein Muster ist, desto ruhiger und verbindlicher wirkt es. Nadelstreifen, Pepita, Paisley, Fischgrat oder Hahnentritt sind einige passende Varianten.
Ihre Accessoires wie Gürtel, Krawatte etc. wählen Sie in edlen und gradlinigen Formen in einer hochwertigen Verarbeitung.

Dynamisch, sportlich wirken

Es gibt im (Berufs-)Leben Situationen, in denen es darauf ankommt, jugendlich, dynamisch, praktisch veranlagt und lässig zu wirken. Ziel ist, dem Gegenüber Offenheit, Nähe und Unkompliziertheit zu vermitteln. Sie erreichen dies durch gerade, körperumspielende (aber nicht zu weite) Schnitte. Die Verarbeitung beinhaltet kräftige Steppnähte, große aufgesetzte Taschen, Metallknöpfe, Nieten oder Reißverschlüsse. Die Kleidung weist eine gewisse Funktionalität auf.

Das Material ist robust, pflegeleicht, mit eher groben Oberflächen. Als Stoffe eignen sich Jeans, Strick, Wollstoffe, Trikotstoffe, Cord, Leinen, Bouclé, Wildleder, robustes Glattleder oder Knitter-Look.

Als Muster passen Streifen, Karos, Symbole, geometrische Muster, Auswaschungen, Zopf- und Rippenstrick.

Die Accessoires sollten klare, robuste Formen besitzen.

Für die Damen: Weiblichkeit zeigen

In manchen Branchen – wie beispielsweise der Werbeindustrie oder im Modebereich – darf der eigene Auftritt durchaus verspielt, gefühlsbetont, kreativ und fröhlich sein. Oder frau möchte eher romantisch, zart und verträumt wirken.

Dazu eignet sich eine Linienführung mit detailreichen, fließenden Schnitten, die Oberteile sind schmal und figurbetont, kombiniert mit weiter geschwungenen Unterteilen. Es passen auch (je nach Figur) flatterig-weite Oberteile zu schmalen, körpernahen Unterteilen. Bei

der Verarbeitung finden sich viele Details mit Rüschen, Spitzeneinsätzen, Stickereien oder Perlen.
Das Material besteht aus feinen Oberflächen – von matt bis hochglänzend kann alles getragen werden. Dazu sind die Stoffe transparent und fließend, und es dominieren die leichten, weichen Stoffstrukturen wie feine Strickwaren, Seide, Chiffon, Viskose, Taft, Ausbrennerware, Jersey, Kaschmir, Samt, Brokat oder Spitzenstoffe.
Im Musterbereich finden sich blumige, geschwungene Formen, Tupfen, kleinteilige Dessins, Zopfmuster, folkloristische Dekore und Stickereien.
Für diesen Stil dürfen auch die Accessoires detailreich und verspielt sein und verschnörkelte Formen haben.

Für besondere Auftritte: Extravaganz

Sie sind zu einer Fashionshow eingeladen, gehen zu einer coolen Party oder Sie sind Künstler? Dann gilt es, sich unkonventionell, exzentrisch, trendy, smart und markant zu präsentieren. Merkmale eines extravaganten Stils sind asymmetrische, ungewöhnliche oder extrem enge oder weite Schnitte.
Die Kleidungsstücke sind mit auffälligen Applikationen und Nähten verarbeitet, große Knöpfe, Glitzer und Pailletten sorgen ebenfalls für Extravaganz. Beim Material eignen sich fließende ebenso wie feste Stoffe – von matt bis glänzend –, beispielsweise Crash, Lackoptik, Ausbrennerstoffe, Spitze, Brokat, Fell oder Webpelze.
Bei den Mustern ist alles erlaubt – etwa ein Mustermix mit geometrischen, fantasievollen und floralen Formen,

Raubtierdrucke, Ethno-Prints oder Colorblockings. Die Muster dürfen groß und kontrastreich sein.
Als Accessoires dienen Elemente, die ungewöhnliche, auffallende Formen und Farben besitzen.

Die Persönlichkeit beachten

Bei der Wahl Ihrer textilen Stilmittel gilt es allerdings Folgendes zu beachten: Die Art und Form der Kleidung schafft nur den äußeren Rahmen, also die Verpackung – sie macht noch keine Persönlichkeit! Die klassische und klare Ausstrahlung eines eleganten Mannes lässt sich zwar durch sportive Details lockern, das lässt ihn jedoch nicht zum Naturburschen mutieren. Ebenso machen ein paar Rüschen die wenigsten Frauen zur Prinzessin.

30 *Wie möchten Sie auf Ihr Gegenüber wirken? Mit der Wahl von bestimmten Kleidungsschnitten, Mustern, Materialien, Verarbeitungsformen und Accessoires gestalten Sie Ihren Auftritt und somit auch Ihre persönliche Ausstrahlung. Probieren Sie es gezielt aus und entdecken Sie Ihre Möglichkeiten.*

2.3 Die Mischung macht's

Jetzt kommt Ihre Kreativität ins Spiel. Denn wer einzelne Elemente der verschiedenen Stilrichtungen mischt, schafft für sich eine unverwechselbare, individuelle Wirkung.

Doch wie überall kommt Kunst auch hier von Können. Gewagte Stilexperimente sind nur etwas für echte Modeprofis! Gerade der romantische und extravagante Stil sind mit Vorsicht zu genießen. Man sollte dazu auch die entsprechende Ausstrahlung haben.

Faustregel für Ihren individuellen Stilmix
Entfernen Sie sich nicht zu weit von Ihrem Basisstil, nehmen Sie nur wenige Anleihen von anderen Stilrichtungen, Ihre Grundlinie (klassisch, sportlich, romantisch) sollte klar dominieren.

Eine gute Kombi – für Männer

Sie möchten beim Kunden seriös wirken, gleichzeitig aber Nähe, Sympathie und Unkompliziertheit signalisieren? Kombinieren Sie beispielsweise eine klassische Anzughose mit einer feinen Kaschmirjacke und einem fein gemusterten Button-Down-Hemd. Oder umgekehrt: Eine gut geschnittene Jeans mit klassischem Jackett und einem etwas sportlicheren Gürtel lässt Sie dynamisch und offen wirken.
Wichtig: Anzugstoffe sind besonders fein gewebt und als solche zu erkennen. Es gibt schöne Sakkos mit einer festeren Optik, die speziell zur Kombination mit sportlicheren Hosen gefertigt sind.

Eine gute Kombi – für Frauen

Sie strahlen nicht nur im klassischen Kostüm Kompetenz aus, sondern dürfen gerne kombinieren: Zum Business-

Rock oder zur Hose darf es auch ein sportlicherer Blazer (z. B. mit Reißverschluss oder schönen Knöpfen) sein, um die strenge, formale Wirkung etwas abzuschwächen. Eine feine Lederjacke oder eine wertige Strickjacke bringen ebenfalls Abwechslung ins Business-Outfit, ohne den kompetenten Eindruck zu schmälern.

Ein Kragen reicht! Blusenkragen zum klassischen Blazer wirken eher distanziert und steif. Ein wertiges Shirt mit passendem Ausschnitt vermittelt ebenso Kompetenz und ist angenehmer zu tragen.

Probieren Sie es aus!

Probieren Sie die verschiedenen Varianten aus und testen Sie Ihre Wirkung! Wann gibt's ein gutes Feedback, in welcher Kleidung fühlen Sie sich am wohlsten? Geben Sie nicht auf, wenn sich nicht gleich die perfekte Mischung offenbart. Probieren geht manchmal über Studieren.

Und vergessen Sie die Wirkung der Farbe nicht! Im nächsten Kapitel verrate ich Ihnen, warum Farben so wichtig sind.

30

Ihre Körperproportionen sind die Grundlage für eine passende Garderobe. Wenn Ihnen Zeit und Lust für die beschriebenen Selbsttests fehlen, nehmen Sie sich doch einfach bei jedem Blick in den Spiegel einen Teilaspekt vor und komplettieren Sie so Ihr Wissen um Ihren individuellen Körperbau.

Überprüfen Sie ebenso aufmerksam den Inhalt Ihres Kleiderschrankes anhand folgender Kriterien:

- ***Welche Schnitte, Materialien und Muster herrschen vor?***
- ***Herrscht bei Ihnen Vielfalt oder sieht alles gleich aus?***

Schenken Sie Ihrem Alltags-Outfit mehr Aufmerksamkeit und testen Sie unterschiedliche Oberteillängen, probieren Sie ein anderes Hemd/ Shirt unter Ihrem Sakko aus und werden Sie kreativ. Eine bewusste und vergleichende Wahrnehmung schult Ihren Blick und macht es Ihnen in Zukunft leichter, Stilelemente gezielt einzusetzen und den für Sie perfekten Stilmix zu finden.

30 MINUTEN

Wie können Sie die für Sie idealen Farben finden?

Seite 36

Welche Botschaften möchten Sie durch Ihre Farbwahl transportieren?

Seite 42

Wie können Sie Problemzonen kaschieren?

Seite 46

3. Outfit-Tuning mit Farbe

Color sells – und das schon seit vielen Jahren. Egal, ob es sich um die Farbgebung von Markenprodukten oder das komplette Corporate Design eines Unternehmens handelt, mit den richtigen Farben wird Umsatz gemacht und ein Wiedererkennungswert geschaffen.
Welche Produkte kommen Ihnen in den Sinn, wenn Sie beispielsweise an die Farbe Rot denken? Bestimmt würden wir alle ähnliche Produkte und Marken nennen, so sehr hat sich die Farbe in Verbindung mit dem Produkt oder Unternehmen in unsere Gehirne eingeschlichen: Coca-Cola fällt zum Beispiel den meisten Leuten sofort ein. Firmen investieren große Summen, um „ihren" Firmen-Farbton zu schützen und dessen Alleinnutzung zu erstreiten.
Übertragen wir diesen bewussten Umgang mit Farbe jedoch auf individuelle Garderobe, wird das vielfach belächelt und als Eitelkeit abgetan. Eins ist jedoch sicher: Wer „seine" Farben und Kontraste trägt, verkauft sich besser.

3.1 Gut aussehen mit Farbe

„Du siehst heute aber gut aus!“, oder aber: „Hast du schlecht geschlafen?“ Bestimmt kennen Sie diese Sätze. Tatsächlich sind es oft die vorteilhaften oder unvorteilhaften Farben der Kleidung, die zu solchen Äußerungen führen.

Farben sind nichts anderes als reflektiertes Licht – ein nachweisbarer physikalischer Effekt und kein Hokuspokus.

Genauer gesagt wird je nach Farbe nur ein bestimmter Teil des Lichts, das auf eine Fläche fällt, reflektiert, was bedeutet, dass von dort nur Licht einer bestimmten Wellenlänge abgestrahlt wird und das Auge erreicht. Auf diese Weise erhalten Oberflächen – vorausgesetzt, dass es ausreichend hell ist – in unserer Wahrnehmung verschiedene Farben, und das gilt natürlich auch für unsere Kleidung und unseren Körper.

Naturton und individuelles Kontrastlevel

Die Farbe unserer Kleidung wird auch auf unser Gesicht reflektiert. Deshalb gilt folgende Grundregel: Stimmt die Grundtönung der Kleidung mit dem Grundton von Haut und Haaren (Naturton) überein, wird die eigene optische Präsenz verstärkt. Die Farben der Kleidung passen dann ganz natürlich zu den Körperfarben der Person. Farben hingegen, die dem Grundton entgegengesetzt sind, lenken ab oder lassen den Menschen regelrecht verblassen.

Hinzu kommt, dass jede Person ein individuelles Kontrastlevel besitzt, das aus der farblichen Abstufung vom Naturton der Kopfbehaarung (Deckhaar, Augenbrauen, ggf. Bart), der Hautfarbe und der Intensität der Augenfarbe gebildet wird. Unterstützen wir dieses durch einen entsprechenden Kontrast der Kleidung, gibt dies der optischen Präsenz einen weiteren Boost.
Nicht zuletzt kann auch die Wirkung unserer Persönlichkeit durch bestimmte Farben und Kontraste gezielt beeinflusst werden.

Etwas Farbtheorie als Grundlage

Farben lassen sich im Wesentlichen nach drei Kategorien beurteilen:
1. kalt – warm
2. hell – dunkel
3. gedeckt – klar

Diese Eigenschaften der Farben haben einen großen Einfluss auf unser Erscheinungsbild und dessen Wirkung.

1. Farbtemperatur: kalt oder warm?

- Warme Farben enthalten einen hohen Gelbanteil.
- Kalte Farben haben einen dominierenden blauen Unterton.
- Neutrale Farben haben keine eindeutige Tendenz in Richtung kalt oder warm.

Jeder Grundfarbton lässt sich durch Mischung mit entsprechenden Farben sowohl in kalten als auch in warmen Nuancen darstellen.

Beispiel Rot: *Je mehr Blau einem neutralen Rotton zugemischt wird, desto kühler und beeriger das Ergebnis. Mit der Zumischung von Gelb würde das gleiche neutrale Rot sich in ein warmes Tomatenrot bis Orange verwandeln.*

Sie können praktisch jede Farbe tragen, es kommt nur auf den Grundton an. Aussagen wie „Mir steht kein Rot" stimmen nicht, denn für jeden gibt es eine passende Rotmischung.

Ein paar Mythen zur Farbtemperatur

Vorsicht vor pauschalen Aussagen wie: „Ich bin ein südländischer Typ mit olivbraunem Hautton, deshalb ist mein Farbtypus warm." Das ist nur bedingt richtig, denn gelbliche Haut ist nicht immer warm. Im Gegenteil, bei der näheren Farbanalyse zeigt sich häufig, dass der sichtbare gelbliche Olivton einen eher kühlen Unterton hat.

Sie haben blaue Augen, also sind Sie ein kalter Farbtyp? Auch diese Schlussfolgerung ist falsch! Die Augenfarbe hat nur wenig Relevanz in der Farbanalyse. Jeder Farbtyp kann jede Augenfarbe aufweisen. Allerdings lohnt es häufig, die Augenfarbe im Outfit dezent aufzugreifen, z. B. durch einen Schmuckstein, durch die Farbe der Brille oder im Krawattenmuster. Entspricht die Augenfarbe dem analysierten Farbtyp, kann diese auch flächig in der Kleidung eingesetzt werden.

Ob jemand ein kühler oder warmer Farbtyp ist, ist für den Laien schwer zu unterscheiden. Ein Basiswissen über das Thema reicht für eine verlässliche Aussage nicht aus. Ebenso ist von Online-Farbberatungen sowie Selbsttests im Internet abzuraten, denn die Farbwiedergabe variiert von Bildschirm zu Bildschirm. Es lohnt sich also, eine seriöse, fachkundige Beratung in Anspruch zu nehmen.

2. Helligkeit: hell oder dunkel?

- Helle Farben: Je stärker die Reflexion des einfallenden Lichts, desto heller die Farbe. Der hellste Ton ist Weiß.
- Dunkle Farben: Je mehr Licht geschluckt wird, desto dunkler die Farbe. Der dunkelste Ton ist Schwarz.

Das oben beschriebene Kontrastlevel Ihrer Erscheinung entscheidet, ob Ihnen eher helle, pastellige oder eher dunkle Töne gut zu Gesicht stehen. Ebenso beeinflusst dieses, wie stark der Kontrast Ihrer Hell-Dunkel-Kombinationen sein sollte.

Kontrastlevel bestimmen
Ziehen Sie ein weißes Oberteil an und legen Sie über die eine Schulter eine helle, über die andere eine dunkle Variante einer Farbe, z. B. ein helles Grau und ein dunkleres Mittelgrau. Vergleichen Sie: Welche Seite passt besser zu Ihrem natürlichen Zusammenspiel von Haarfarbe (nur bei Naturton möglich) und (ungeschminkter) Haut?

Steigern Sie den Kontrast weiter, indem Sie Anthrazit mit Mittelgrau und dann noch Schwarz in den Vergleich einbeziehen.
Durch das Ausprobieren verschiedener Kontrastfarben können Sie gut einschätzen, welches Kontrastlevel für Sie das richtige ist.
Beobachten Sie sich:

- Welche Seite passt harmonischer zu Ihrer Haar- oder Augenbrauenfarbe?
- Welche Seite wirkt kompetenter, ausdrucksstärker oder auch freundlicher?

Hinweis: Sind Sie ein natürlicher Rotschopf, wählen Sie besser Blau- oder Braunabstufungen, da gerade die hellen Grautöne eine warmtonige Haut sehr blass aussehen lassen.

3. Farbsättigung und -intensität: gedeckt oder klar?

- Klare Farben werden als „Knallfarben" empfunden.
- Gedeckte Farben sind die sogenannten matten Töne.

Die Stärke der Farben ist eine eigene Kategorie und unabhängig von der Helligkeit.

Farbsättigung bestimmen
Vergleichen Sie z. B. ein kräftiges Royalblau mit einem gedeckten Jeansblau: Wie verändert sich, je nachdem, welche der Farben Sie tragen, Ihre Augenfarbe? Bei welcher Farbe erhalten die Augen mehr Ausdruck, wirken harmonischer? Wann werden sie ggf. überstrahlt?

Passst der gedecktere Ton gut zum natürlichen Kontrast Ihrer Haare und Ihrer Augenbrauen oder sind Ihre Kontraste stärker?
Vergleichen Sie alle Töne der gewählten Farbe miteinander (im Beispiel alle Blautöne), die Ihr Kleiderschrank hergibt.

Hinweis: Führen Sie diesen Vergleich bei gutem Tageslicht durch. Das Licht sollte Ihnen ins Gesicht fallen. Bei dunkler Badezimmerbeleuchtung von oben oder Licht im Rücken funktioniert dieser Versuch nicht.

Farbkombinationen

Viele Farbtöne harmonieren nicht miteinander, da die beschriebenen Komponenten Farbtemperatur, Kontrastlevel und Farbsättigung in einem Ungleichgewicht stehen.
Krawattenträger kennen das Leid, wenn die neue blaustichige Krawatte so gar nicht mit dem blauen Hemd harmoniert oder die rot leuchtende Krawatte aus der gedeckten grauen Anzug-Hemd-Kombination optisch quasi herausgeschossen kommt.

30

Farben haben durch ihre Intensität, ihre Kontrastmöglichkeiten sowie ihre Temperatur einen direkten Einfluss auf unser Aussehen. Sie frischen im optimalen Fall unseren Teint auf, verstärken die Augen- sowie Haarfarbe und lassen uns einfach besser aussehen.

3.2 Farbliche Psycho-Tricks

Unsere Kleidungsfarben und deren Kombinationen lösen bei unserem Gegenüber unterschiedliche Emotionen aus, die bestimmen, wie wir intuitiv bewertet werden. Gezielt eingesetzte Farben sind demnach wirksame Präsenzverstärker und erzeugen mitunter einen Wow-Effekt. Eine Art farbliches Standard-Outfit, das jeder Situation gerecht wird, gibt es also nicht.
Fragen Sie sich deshalb vor wichtigen Terminen immer:

- Wo gehe ich hin?
- Wen treffe ich dort?
- Was möchte ich bewirken?

Entsprechend Ihren Antworten werden Ihre Wünsche und die Anforderungen an Ihr Erscheinungsbild konkreter, sodass Sie sich bei der Farbwahl daran orientieren können. Testen Sie die im Folgenden beschriebenen Wirkungsweisen von Farben aus, sodass Sie ein Gefühl dafür entwickeln, wie Sie mit Farbe Wirkung erzeugen können.

Die Wirkung einzelner Farben

Jede Farbe schreibt ihre eigene Geschichte und hat je nach Kultur eine andere symbolische Bedeutung. In Bezug auf die Farben der Kleidung spielt diese aber eher eine untergeordnete Rolle. Wichtiger sind hier die Intensität und Helligkeit (siehe 3.1) eines Farbtons und ob wir diesen als Einzelton, in Kombination oder im Muster tragen.

Dunkle Farben

Dunkle Töne werden gerade im Businessbereich als optische Kompetenzgeber eingesetzt. Dazu zählen Blau, Grau in seinen Abstufungen bis Schwarz und kühles (graustichiges) Braun. In Maßen können warmtonige Menschen für diese Wirkung auch das warme Braun nutzen.
Aubergine, ein dunkles Lila, Rot oder Grün können vor allem für Damen eine ebenfalls kompetent wirkende Alternative sein.
Wer diese Farben trägt, macht einen kompetenten, klassischen, diskreten, verbindlichen, eleganten, offiziellen und seriösen Eindruck. Mit zunehmender Intensität können die gleichen Grundfarben aber auch autoritär, hart, abweisend und unnahbar wirken. Je dunkler eine Farbe, desto härter wirkt sie.

Helle Farben

Helle Farben kommen als Einzeltöne eher frisch, dezent, sanft, ruhig, offen und sauber daher und entwickeln erst in Kombination mit dunklen Tönen eine Kompetenzwirkung.
In der Gesundheitsbranche beispielsweise wird die Wirkung heller Farben gezielt genutzt – der strahlend weiße Kittel des Apothekers oder Arztes wirkt hygienisch und sauber und symbolisiert medizinische Hilfe.
Noch ein Wort zu Rosa: Der helle, zarte Ton wirkt als Weichmacher. Vor allem Männer sollten daher damit vorsichtig sein, wenn sie einen professionellen Eindruck machen möchten.

Kräftige Farben

Intensive, kräftige Farben wirken dynamisch, aktivierend und fröhlich und mitunter auch laut, sportlich, dramatisch und selbstbewusst.

Hier bestimmt die Menge die Wirkung: Eine Seminarleiterin, die ein Kleid in einem knalligen Pink trägt, kann die Seminargruppe durch die optische Reizung schnell ermüden, während eine pinkfarbene Bluse unter einem blauen Blazer dynamisch und aktivierend wirkt.

Gedeckte Töne

Die ruhige, dezente, zurückhaltende, diskrete und beruhigende Wirkung gedeckter Farbtöne kann je nach Persönlichkeit sehr edel, aber auch langweilig wirken.

Warme Farben

Durch die hohe Gelbbeimischung wirken sie freundlich, nahbar, naturverbunden und weich, aber je nach Intensität auch schrill oder optisch schwer.

Für einen durchsetzungsstarken Auftritt sind diese Töne (auch in ihrer dunkleren Variante) nicht ideal, da sie die im Business geforderten Eigenschaften wie Härte, Klarheit, Professionalität und Präsenz nicht vermitteln. Deshalb ist hier ein Mix mit kühlen Grundfarben sinnvoll. So sind Stoffe in kühlen Farben mit warmen, feinen Nadelstreifen, der bei den Herren in Hemd- oder Krawattenfarbe aufgenommen werden kann, eine gute Wahl. Die Damen können mit einer Bluse/einem Shirt oder in den Accessoires die Farbe aufgreifen.

Vorsicht!
Vorsicht ist geboten bei hellem Grau und Tiefschwarz, denn diese Farben lassen Menschen mit einem warmen Hauttyp in der Regel kränklich und blass wirken.

Die Wirkung von Farbkombinationen

Durch die Kombination verschiedener Farbtöne entstehen Kontraste und somit individuell beeinflussbare Wirkungsmöglichkeiten:

- Ton-in-Ton-Kombinationen erzeugen wenig Farbspannung und kommen deshalb ruhig daher.
- Helle Farbverläufe geben der Gesamterscheinung eine ruhige, edle und „nahbare“ Wirkung, lassen aber manche kontrastreiche Farbtypen und Persönlichkeiten blass und unscheinbar wirken.
- Je dunkler der Ton-in-Ton-Effekt wird, desto mehr nimmt die Nahbarkeit ab und Distanz entsteht. Ein komplett schwarzes Outfit ist im Business deshalb wenig empfehlenswert, wirkt auch mitunter einfallslos.
- Hell-Dunkel-Kombis steigern durch den Kontrast die Präsenz und erhöhen die seriöse und kompetente Ausstrahlung.

Kariert, gepunktet oder gestreift?

Jede Bekleidungsfarbe steht immer auch in Wechselwirkung mit anderen Komponenten wie dem Material, dem Muster, der Verarbeitung oder der Schnitt- und Linienführung. Beobachten Sie, wie auch unterschiedliche Musterelemente Ihre Wirkung verändern.

Muster testen
Vergleichen Sie bewusst kleinteilige mit größeren, kontrastarme mit kontrastreichen sowie eckige mit runden Elementen. Gerade im direkten Vergleich lassen sich schnell einige Muster ausschließen.

Sätze wie „Große Personen können große Muster tragen" können Sie aus Ihrem Gedächtnis streichen. Vielmehr spielt neben den Proportionen auch der Stiltyp eine Rolle. Einige Menschen sehen, unabhängig von Körpergröße oder -fülle, einfach besser in ruhigeren, dezent gemusterten Kleidern aus, während so manche extravagante Persönlichkeit mit auffälligen Mustern einfach toll wirkt. Generell gilt: Wünschen Sie eine seriöse und kompetente Wirkung, dann empfiehlt sich ein sparsamer Einsatz von Karos, Streifen und Co.

30 *Die Farben, die Sie tragen, haben immer auch eine bestimmte emotionale Wirkung. Machen Sie sich diese zunutze: Mithilfe der psychologischen Effekte der Farben können Sie bei Ihrem Gegenüber den gewünschten Eindruck hinterlassen.*

3.3 Mit Farben Proportionen ideal gestalten

Dicker, dünner, länger, kürzer? Gezielt eingesetzte Farben und Kontraste verändern Ihre Proportionen! Das heißt, es ist möglich, eine Figur länger und schlanker

oder aber – der gegenteilige Effekt – kleiner oder breiter wirken zu lassen.

Um unerwünschte Rundungen zu kaschieren, greifen viele instinktiv zu Schwarz – dem gängigsten Schlankmacher der Nation. Schwarz schluckt zum großen Teil das einfallende Licht. Dadurch werden entstehende Falten in der Kleidung oder die typischen „Röllchen" optisch zurückgenommen.

Schwarz steht jedoch nicht jedem Farbtyp gut zu Gesicht. Zum Glück gibt es ausreichend Alternativen. Denn ein vergleichbarer Effekt entsteht bei jeder dunklen, matten Farbe. Ob Blau, Grün, Braun, Aubergine – je dunkler und matter, desto mehr Licht wird geschluckt und desto mehr Erhebungen werden kaschiert.

Allerdings gilt es, Folgendes zu beachten:

- Glänzende Stoffe haben die Eigenschaft, auch bei dunklen Farben das Licht zu reflektieren und so den kaschierenden Effekt zu mindern.
- Rein schwarze Flächen wirken wie ein optischer Block und muten massiv und schwer an. Interessant ist jedoch das Phänomen, dass eine schlanke Person komplett in Schwarz gekleidet noch schmaler und länger wirkt.

Wirkungsvolle Kombinationen

Wie Sie Ihre Proportionen auch ohne den Griff ins schwarze Kleidersortiment harmonisieren können, verrate ich Ihnen mit der folgenden Zusammenstellung möglicher Kombinationen und ihrer Wirkung:

Innen dunkel und außen ein hellerer Ton
Ein dunkles Shirt kaschiert im Bauchbereich lästige Röllchen und durch eine hellere, geöffnete Jacke wird die Blockwirkung aufgehoben. Vorsicht: Wird die Jacke komplett geschlossen, entsteht eine helle Fläche, die optisch aufträgt.

Außen dunkel und innen ein hellerer Ton
Durch den dunklen Umriss der äußeren Kontur kann die Gesamtperson schmaler und länger wirken. Sollen Problemzonen im Bauchbereich kaschiert werden, empfiehlt es sich, Farbtöne mit mittlerer Helligkeit für die innere Farblinie (Shirt) zu nutzen. Ein sehr starker Hell-Dunkel-Kontrast würde den Blick des Betrachters auf die „Problemzone" lenken.

Kombination dunkles Hemd mit heller Krawatte
Hier ist Vorsicht geboten, denn der helle Binder hebt zwar die Blockwirkung auf, allerdings schaut man durch den entstehenden Kontrast eher auf die Krawatte. Das heißt, der Blick wird vom Gesicht abgezogen und landet auf dem Bauch. Eine ungünstige Voraussetzung für eine gute Kommunikation. Überprüfen Sie diese Wirkung und entscheiden Sie individuell.

Werfen Sie einen kritischen Blick auf die Farben in Ihrem Kleiderschrank: 30

- ***Welche Töne dominieren?***
- ***Herrscht ein Grau in Grau oder ein buntes Durcheinander?***
- ***Warum kaufen Sie bestimmte Farben mit Vorliebe und lehnen andere ab?***

Finden Sie anhand der Kriterien Farbtemperatur, Helligkeit und Kontrast sowie Intensität heraus, welche Farbtöne mit Ihrem Teint, Ihrer Haar- und Ihrer Augenfarbe harmonieren.
Setzen Sie sich auch mit der emotionalen Wirkung verschiedener Farben auseinander, um beispielsweise gezielt Kompetenz auszustrahlen.
Prüfen Sie außerdem, wie sich die Farbverteilung Ihres Lieblings-Outfits oder der bewährten Business-Kleidung auf Ihre Proportionen auswirkt. Vor allem dunkle Töne sind geeignet, um überflüssige Pfunde zu kaschieren.
Wählen Sie die für Sie passenden Elemente aus dem bunten Baukasten aus und erweitern Sie durch Farbe die Möglichkeiten Ihres Erscheinungsbildes.

30 MINUTEN

4. Gut gestylt bis ins Detail

Ob Frau oder Mann, durch eine passende Frisur, eine markante Brille oder eine schöne Krawatte lassen sich Individualität, Persönlichkeit und auch Stil ausdrücken – selbst wenn es einen klaren Dresscode gibt.

Viele dieser Zusatzelemente des Erscheinungsbildes zählen zu den Accessoires, also den „Nebensächlichkeiten". Doch dieser Ursprungsbegriff trifft längst nicht mehr die heutige Bedeutung von Accessoires – denn gezielt eingesetzt verstärken sie die persönliche Wirkung und können so zu einem echten Markenzeichen werden. Accessoires geben Ihrem Outfit den letzten Schliff, sie sind das Feintuning für Ihren wirkungsvollen Auftritt.

Zu den gängigsten Accessoires zählen Brille, Schmuck, Halstuch und Krawatte. Auch die Frisur und die Schuhe – notwendige, aber dennoch vermeintlich nebensächliche Aspekte unseres Erscheinungsbilds – sollen in diesem Kapitel in den Blick genommen werden.

4.1 Besser durchblicken: Brillencheck

Brillen haben in den letzten 20 Jahren einen Imagewandel erlebt: Sie sind längst keine reinen Sehhilfen mehr, sondern dienen als stil- und persönlichkeitsrelevante Accessoires. Jeder von uns besitzt mindestens eine Brille, und wenn es nur eine Sonnenbrille ist. Doch den wenigsten ist die Wirkung einer passenden Brillenfassung bewusst.

Blickkontakt ist Trumpf

Damit der Blick Ihres Gegenübers nicht an der Fassung Ihres Designer-Modells hängen bleibt, gilt es, Folgendes zu beachten: Blickkontakt ist Trumpf – insbesondere in den ersten Momenten des Kennenlernens. Daher sollten Ihre Augen nicht hinter einem dominanten Hingucker-Modell verschwinden.

Eine wirklich passende Brille stellt die Augen in den Vordergrund und gibt dem Gesicht einen ausdrucksstarken Rahmen.

Bevor es an die Auswahl des für Sie geeigneten Modells geht, steht wieder die Frage nach der gewünschten Wirkung im Vordergrund: Möchten Sie eine unsichtbare Sehhilfe tragen oder mit einer besonderen Fassung ein persönliches Statement setzen?

Auf die richtigen Proportionen achten

Eine Brille ist wie die Augen, die Nase und der Mund ein weiteres Attribut Ihres Gesichtes. Nimmt sie die natürlichen Proportionen auf oder harmonisiert sie diese sogar, ist die Brille gut gewählt.

Die Augenbrauen sind der natürliche Rahmen des Gesichtes. Sie sollten deshalb sichtbar sein und in ihrer Form vom Brillenglas oder der Fassung betont werden. Probieren Sie deshalb Fassungen mit geradem oder gerundetem Oberrand aus.

Der Nasensteg sollte sich in seiner Breite der Form des Nasenrückens anpassen und die Länge der Nase günstig beeinflussen. Hier lohnt es sich, unterschiedliche Stegvarianten und deren Einfluss auf die optische Veränderung von Nasenlänge und -breite zu vergleichen.

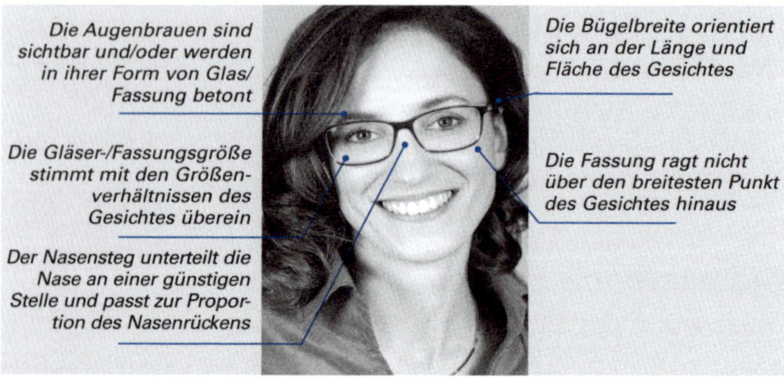

Abb. 2: Daran erkennen Sie eine passende Brille. Außerdem ist auch die Farbe der Brille wichtig: Sie sollte mit Ihrem Farb- und Kontrasttyp harmonieren.

Quickcheck: Passt die Brille?
Überprüfen Sie, ob folgende Anforderungen erfüllt sind, bevor Sie sich für ein Brillenmodell entscheiden:

- Die Gläser-/Fassungsgröße stimmt mit den Größenverhältnissen des Gesichtes überein.
- Die Bügelbreite orientiert sich an der Länge und Fläche des Gesichtes.
- Die Fassung ragt nicht über den breitesten Punkt des Gesichtes hinaus.
- Ihr persönlicher Stil spiegelt sich in der Wahl des Materials wider. (Probieren Sie Metall oder Acryl!)

Tipp: Bei den modischen größeren Gläsern empfiehlt es sich, den Verlauf der Gesichtsform im äußeren Bereich der Brillenfassung aufzunehmen.

Beispiel: Bei einer dreieckigen Gesichtsform wird das Gesicht zum Kinn hin schmaler. Wird dieser Verlauf von der Brille aufgenommen, d. h., die Fassung verjüngt sich vom Ober- zum Unterrand, dann wirkt dies harmonisch. Eine im Außenbereich sehr gerade Fassung würde dagegen über den schmaleren Gesichtsbereich hinausragen. Dadurch wird auch die Lage der Augen optisch ungünstig beeinflusst.

Die passende Farbe finden

Auch wenn der Brillenrahmen nur eine geringe Reflexion ausübt, ist eine unpassende Farbe ein Störfaktor, denn sie irritiert beim Blick ins Gesicht.
Eine gute Möglichkeit, die passende Farbe zu finden, besteht darin, den natürlichen Haarton in die Fassungsfarbe mit aufzunehmen. Das wirkt häufig harmonisch,

und so kann eine Fassung sichtbar sein und trotzdem sehr zurückhaltend wirken.
Eine Fassung, die Ihrer Augenfarbe entspricht, ist ebenfalls eine Option. Testen Sie die verschiedenen Farbtöne allerdings sorgfältig. Denn es ist wichtig, eine Farbe zu finden, die wirklich gut zur Intensität und dem Ton der Augen passt. Ansonsten steht die Fassungsfarbe in Konkurrenz zu den Augen.
Beerentöne sind gerade für Damen empfehlenswert, da sie häufig das Rot der Lippen unterstreichen. Ein passender Lippenstift bringt zusätzliche Frische ins Gesicht. Vorsicht jedoch bei geröteten Wangen, denn die Brillenfarbe könnte diese zu stark betonten.

Den passenden Kontrast finden

Hell-Dunkel-Kontraste spielen auch bei der Wahl der Brillenfassung eine große Rolle und können die Aussage und die Proportionen eines Gesichtes verändern. Mit einer entsprechenden Garderobe wird der Effekt zusätzlich verstärkt.
Ein Wort zur schwarzen Brille: Fast jeder trägt sie, doch nicht jedem steht sie. Achten Sie auf Ihre natürlichen Kontraste: Bei heller Haar- oder Augenfarbe lohnt es sich, ein weniger dunkles Modell in Blau, Braun oder Grau in Erwägung zu ziehen. Vergleichen Sie!

Tipp: Bei der Wahl der Farbe und des Kontrastes der Brille sollten Sie auch Ihren persönlichen Farbtyp und die Wirkung der einzelnen Farben berücksichtigen! (Mehr dazu in Kapitel 2.)

Die Brille als Markenzeichen

Wie Ihr Outfit wirkt auch die Bille als wichtiges, gestaltgebendes Element Ihres Auftritts. Deshalb sollten Sie die gleichen Fragen stellen wie bei der Wahl Ihrer Kleidung:

- Wie möchte ich wirken?
- Soll die Brille mein Markenzeichen sein?

Die gewünschte Wirkung gibt vor, welche Fassungsvariante zu empfehlen ist. Dabei lohnt es sich, mit einem guten Optiker zusammenzuarbeiten. Im Idealfall unterstützt er Sie kompetent bei der Fassungswahl und gibt Ihnen auch ein klares Feedback, wie Sie mit den unterschiedlichen Modellvarianten wirken. Denn wie beim Outfit ist auch bei der Brille der Grat zwischen Wow-Effekt und Auweia-Blick recht schmal.

30 *Die Brille ist längst von der Sehhilfe zum Modeaccessoire avanciert. Das Gestell und die Farbe sollten zu Ihren Gesichtszügen passen, sie harmonisieren und den Blickkontakt erleichtern. Vorsicht bei allzu extravaganten Modellen: Sie können die Persönlichkeit verstärken, sogar als Markenzeichen dienen, jedoch im ungünstigen Fall auch vom Träger ablenken.*

4.2 Nachwachsende Rohstoffe: Frisur und Bart

Das Haar ist der natürliche Schmuck jedes Menschen. Auch wenn es nicht üppig gelockt, traumhaft lang oder wunderschön glänzend ist, mit einem passenden Schnitt und sorgfältiger Pflege lässt sich viel erreichen! Seien Sie selbstbewusst bei der Wahl Ihrer Frisur und geben Sie nicht jedem Trend nach. Denn ob „man" nun gerade das Haar so trägt oder nicht, ist zweitrangig. Wichtig ist, dass die Farbe zum Teint und der Schnitt zu den Gesichtsproportionen, zur Haarstruktur sowie zur Halslänge passt. In der Regel gibt es für jedes Gesicht mehrere gute Schnittvarianten.

Gesichtsform

Haare umrahmen unseren Kopf, fallen ins Gesicht und haben somit einen starken Einfluss auf die Gesichtsproportionen.

Ein langes, schmales Gesicht lässt sich beispielsweise mit ein paar Pony-Fransen, die auf der hohen Stirn liegen, optisch verkürzen. Soll ein Scheitel getragen werden, ist der Seitenscheitel bei dieser Gesichtsform vorteilhafter. Ins Gesicht gezogene Fransen oder ein weich umspielender Fall der Haare sowie asymmetrische Formen führen zu weiteren Unterteilungen des Gesichts, was sich optisch günstig auswirkt.

Möchten Sie ein kleines Gesicht verlängern, nehmen Sie Ihr Haar zurück und beobachten die Proportionsverän-

derung. Hier empfiehlt es sich, möglichst viel Gesicht zu zeigen.

Breitere Gesichtsflächen lassen sich durch Fransen optisch unterteilen. Hier ist allerdings auch der äußere Umriss der Frisur entscheidend. Ein kräftiges Gesicht mit Igelfrisur wirkt noch kräftiger.

Tipp: Wenn die Haarfülle nicht ausreicht, ist es auch möglich, die Gesichtsform mit einer passenden Brille auszugleichen. (Vgl. Kap. 4.1.)

Profil und Kopfform

Eine fliehende Stirn und ein fliehendes Kinn können durch einen Pony fast unsichtbar werden. Der flache Hinterkopf verschwindet unter einer am Hinterkopf voluminöser gestalteten Frisur. Ebenso werden ein vorstehendes Kinn oder eine längere Nase durch Volumen im Bereich des Hinterkopfs ausgeglichen.

Test: Schauen Sie sich im Profil an und drücken die Haare am Hinterkopf flach. Sofort erscheint die Nase länger!

Die richtige Haarfarbe finden

Die natürliche Haarfarbe wird von den gleichen Pigmenten gebildet, die auch unserer Haut ihren individuellen Teint verleihen. Ebenso wie die Farbe der Kleidung wird auch die Haarfarbe ins Gesicht reflektiert.

Ein Selbstversuch für die Langhaarigen: Betrachten Sie

Ihr Gesicht mit offenen Haaren vor dem Spiegel und nehmen dann die Haare aus dem Gesicht. Sofort verändert sich die Gesichtsfarbe.
Deshalb ist es für eine natürliche Wirkung sinnvoll, auch beim Färben der Haare den eigenen Grundton und Kontrast aufzugreifen. Eine Haarfarbe, die nicht zum Teint passt, kann einen unnatürlichen Farbschleier (meistens gelblich) ins Gesicht werfen. Dieser lässt Sie müder und älter wirken.
Vorsicht auch mit den so beliebten Strähnchen: Sind sie zu hell, nehmen sie dunklen Haaren den Kontrast. Damit wirkt das Haar schnell fad oder gescheckt. Umgekehrt lässt ein Dunkelbraun die echte Blondine hart wirken.

Mut zu Grau – nicht nur für die Herren!

Viele Damen versuchen durch das Färben ihrer Haare wieder jünger zu wirken. Das Gegenteil ist häufig der Fall, da oftmals eine schlechter zum Teint passende Farbe gewählt wird.
Graue Haare können je nach Person interessant wirken und sind keinesfalls ein Makel. Ein moderner, pfiffiger Schnitt gibt dem Haar und Ihnen ein dynamisches Aussehen. Ein gewisses Alter sieht man uns in jedem Falle an, darüber können auch die künstlichen Farbpigmente nicht hinwegtäuschen. Wichtig ist jedoch, sich mit dem Grau zu mögen, sonst kann die Wirkung ins Gegenteil umschlagen.

Weitere Tipps für die perfekte Frisur

- Für einige Herren ist spärliches Haar eine unangenehme Begleiterscheinung des Älterwerdens. Quer über den Kopf gelegte Fransen machen auf den Mangel erst recht aufmerksam. Deshalb gilt für Herren mit schütterem Haar: Mut zur Kürze!
- Herausgewachsene Haaransätze und fettiges, ungewaschenes Haar wirken ungepflegt.
- Lange, lockige und blonde Haare wirken in der Regel femininer und weicher.
- Kurze Haare wirken burschikos, mitunter hart, jedoch auch kompetent und sachlich.

Der Rahmen des Gesichtes: die Augenbrauen

Unsere Brauen sind der Rahmen für Augen, Nase und Mund. Fehlen sie, wirkt das Gesicht nackt und maskenhaft, sind sie zu dominant, ist der Gesichtsausdruck eher finster.

Ein Gesicht wirkt offener, je mehr Platz zwischen Auge und Brauen vorhanden ist. Deshalb lohnt es sich auch für Männer, überflüssige und in die Augenpartie wachsende Brauenhaare zu entfernen. Jeder Friseur kann dies beim Haareschneiden schnell erledigen.

Wachsen die Brauen sogar über der Nase zu einer Monobraue zusammen, wirkt dies abweisend bis hin zu nicht vertrauenswürdig.

Men´s only: der Bart

Der Bart hat einen ebenso großen Einfluss auf die Gesamterscheinung wie die Frisur und sollte zum Typ und

den Proportionen passen. Ein gepflegter Bart kann edel, elitär, markant und männlich wirken. Ist er zu dominant oder passt nicht zur Persönlichkeit oder zum Alter des Trägers (zum Beispiel Hipsterbart ab 40 plus), wirkt er irritierend, ablenkend oder einfach unpassend.

Ein Voll- oder Rauschebart lässt Sie in jedem Fall älter wirken, kürzere Barthaare wirken wie eine Verjüngungskur. Mit einem Bart lassen sich kleine Mängel wie Aknenarben gut kaschieren. Unregelmäßiger Bartwuchs wirkt allerdings manchmal ungepflegt und bubihaft.

Ein modischer Dreitagebart wird oft mit der Hoffnung verbunden, damit jünger zu wirken, da er als jugendlich und verwegen gilt. Generell erfordert dieser Bartstyle viel Pflege und muss zum Gesicht und der Persönlichkeit passen.

Der Schnurbart hat eher ein verstaubtes oder gar abgehobenes Image. Betrachtet man ihn als extravagantes Accessoire, kann er aber bei einem passenden Träger zum Markenzeichen werden.

Tipp: Vermeiden Sie Bartwuchs am Hals, denn dieser verlängert das Gesicht und macht auf ein eventuell vorhandenes Doppelkinn aufmerksam, anstatt es zu verdecken.

Unser Haar bildet den Rahmen unseres Gesichtes **30**
und kann – richtig gestylt – Proportionen harmoni-

sieren oder auch kleine Mängel kaschieren. Es ist wichtiger, die individuelle Kontrast- und Farbwirkung zu beachten, als den aktuellsten Trends zu folgen. Graues oder spärliches Haar ist kein Manko. Bei Männern spielt der Bart eine wichtige proportions- und imagegebende Rolle. Ein gekürzter Bart wirkt in der Regel verjüngend.

4.3 Hals über Kopf: Krawatte, Tücher und Schmuck

Während es vor wenigen Jahren noch undenkbar war, einen Anzug ohne Krawatte zu tragen, ist es jetzt fast die Regel. Schade, denn mit einem geschmackvollen Binder können Persönlichkeit und Ausdruck wirkungsvoll verstärkt werden. Da die Krawatte direkt unter dem Gesicht getragen wird, ist die Farb- und Musterwahl auch relevant für unsere gesamte Ausstrahlung.

Die Krawattenfarbe

Wie von Hemd und Sakko strahlt auch von der Krawatte Licht auf Ihr Gesicht ab. Seine Farbe wirkt beeinflussend auf Ihren Teint, verstärkt im optimalen Fall Ihre Lippenfarbe und wirkt erfrischend. Experimentieren Sie mit den Vorschlägen aus Kapitel 3 und beobachten Sie, wie sich Ihre Wirkung je nach Farbton und Kontrast verändert.
Ein edler, seriöser und kompetenter Eindruck entsteht, wenn die Anzug- und Hemdfarbe in der Krawattenfar-

be aufgenommen werden. Je nach Persönlichkeitstyp kann das aber auch langweilig und zu konservativ wirken.
Modisch und innovativ ist eine von Hemd- und Anzugfarbe abweichende Krawattenfarbe, zum Beispiel die Kombination blauer Anzug, weißes Hemd und rote Krawatte. Schauen Sie aber genau hin: Sind die Farbkontraste zu heftig, gibt's den bunten Kasperle-Effekt – also nicht empfehlenswert, wenn Sie seriös wirken möchten!

Das Krawattenmuster

Starre Regeln, wie beispielsweise die Maßgabe, nicht mehr als zwei Muster und drei Farben zu kombinieren, sollten Sie individuell überprüfen. Tatsache ist, dass noch mehr Farben und Muster unruhig und ablenkend wirken. Für manchen extravaganten Typ ist dies jedoch ein spannendes Stilmittel, um seine individuellen Merkmale zu unterstützen. Es wird dann sogar häufig als authentisch wahrgenommen. Eine Person dagegen, die eigentlich eine klassische, nüchterne Ausstrahlung hat, wirkt mit dem Mustermix schnell wie ein bunter Hund. Egal ob Streifen, Alloverdessin mit Pünktchen, florale Muster, schottische Tartans – Muster entfalten durch Größe, Farbzusammenstellung und Kontrast ihre Wirkung am jeweiligen Träger. Deshalb ist es wichtig, dass Sie sich beim Kauf einer Krawatte den Binder nicht auf dem Hemd dekorieren lassen, sondern sich ihn unter das Gesicht halten.

Tipp: Die Krawatte endet an der Gürtelschließe und nicht mitten auf dem Bauch oder im Schrittbereich.

Der Krawattenknoten

Der passende Knoten ist weniger eine Frage modischer Vorgaben, sondern er orientiert sich an Ihren Gesichts- und Halsproportionen, der Einlage der Krawatte und dem Hemdkragen.
Haben Sie ein schmales Gesicht, ist ein weniger voluminöser Knoten, wie z. B. der Four-in-Hand-Knoten oder der einfache Windsor-Knoten, eine gute Wahl. Bei mehr Gesichtsfläche darf der Knoten entsprechend kräftiger sein (z. B. der doppelte Windsor).
Laden Sie sich eine Krawattenbinde-App auf Ihr Handy, da finden Sie Bindevorschläge für jede Herausforderung. Die unterschiedlichen Hemdkragen lassen zwischen den Kragenschenkeln einen Platz, der mit dem Knoten gefüllt wird.

Das Material der Krawatte

Auch das Material der Krawatte ist relevant. Für ein edles Auftreten wählen Sie echte, leicht schimmernde Seide, für den sportlichen Auftritt kann es auch eine strukturierte Wollkrawatte sein.

Tipp: Kaufen Sie regelmäßig neue Krawatten und sortieren Sie alte, abgetragene oder unmoderne Modelle aus. Muster und auch die Krawattenbreite verändern sich regelmäßig. Anhand dieser Merkmale lässt sich in der Regel das Alter der Krawatte bestimmen.

Die Fliege

Das eher extravagante Accessoire wird vor allem zu gesellschaftlichen Anlässen mit einem weißen Hemd oder Frackkragen getragen. Im Alltag wirkt eine Fliege oft deplatziert und wird belächelt. Bedenken Sie dies, wenn Sie einen Binder als Markenzeichen einsetzen möchten.

Die Tücher

Ähnlich wie bei Krawatten spielen bei Tüchern Muster, Farbe, Material und auch die Größe eine Rolle. Sind diese stimmig gewählt, können Sie Ihr Outfit und Ihr Erscheinungsbild damit wirksam optisch aufwerten.
Die häufigsten Fehler beim Tragen eines Tuches:

- Es ist im Verhältnis zum Gesicht zu voluminös oder zu dominant gemustert.
- Ein kurzer Hals wird durch die Bindetechnik weiter verkürzt. Lassen Sie den Hals sichtbar!
- Das Material des Schals passt nicht zur Aussage der Kleidung oder Ihres Stiltyps.

Wie die Krawatte wird das Tuch nah am Gesicht getragen und sollte deshalb Ihrem Farb- und Kontrasttyp entsprechen.

Der Schmuck

Die gute Nachricht ist, dass Sie auch ohne echten Schmuck kompetent wirken können. Allerdings muss Modeschmuck wertig aussehen und vom Stil her zur

gewünschten Aussage passen. Selbst gefädelte Kettchen wirken wie vom Kindergeburtstag, während bunte Halbedelsteine auf einem Edelstahldraht Wertigkeit vermitteln.

Führen Sie einen Schmuckvergleich durch. Was steht Ihnen:

- Schmuck mit kleinen oder größeren Elementen?
- Runde oder eckige Elemente?
- Stein an Stein oder mit einem sichtbaren Kettenanteil zwischen den Steinchen?
- Einfarbig oder mehrfarbig?
- Mit viel oder wenig Kontrast?
- Silber oder Gold?

Allein das bewusste Beobachten und Vergleichen schult die Wahrnehmung und Sie bekommen ein Gefühl dafür, was an Ihnen gut aussieht und Ihnen gefällt.

Ebenso verhält es sich mit dem Ermitteln der passenden Kettenlänge: Nehmen Sie eine lange Kette und halten Sie diese dann immer kürzer. Beobachten Sie, wann die zum Ausschnitt passende Länge erreicht ist. Verlängerungsbändchen gewährleisten, dass die Kettenlänge gut an unterschiedliche Ausschnittformen angepasst werden kann.

30 *Mit Ketten, Tüchern und Krawatten lassen sich Proportionen ausgleichen: Ein zu großer Ausschnitt kann optisch verkleinert werden, ein langer Hals gekürzt oder auch ein kleiner Buckel kaschiert wer-*

den. Die Accessoires dienen außerdem als Blickfang – sie können also gezielt das Auge des Betrachters lenken. Das ist eine großartige Chance, die allerdings auch sehr bewusst genutzt werden sollte.

4.4 Richtiges Standing: Schuhe

Schuhe sind ein sehr wichtiger imagebildender Bestandteil eines jeden Outfits, denn gleich nachdem wir unserem Gegenüber zunächst ins Gesicht geschaut haben, wandert unser Blick häufig nach unten auf dessen Schuhe.

Dass ein Schuh gut gepflegt und geputzt sein sollte, dass er nach dem Tragen ruhen und gespannt werden soll, ist bekannt. Ebenso, dass abgelaufene Absätze regelmäßig erneuert werden müssen und dass rahmenlos genähte Schuhvarianten besonders wertig und fußfreundlich sind. Doch um auch im untersten Stockwerk stilgerecht gekleidet zu sein, sollte der Schuh außerdem immer in Beziehung zum gesamten Körperbau, zur Typausstrahlung und zum Outfit betrachtet werden.

Gerade bei den Damen gibt es aufgrund der vielen „Beinkleider" wie Hosen in diversen Längen, Röcken und Kleidern besondere Anforderungen an das Schuhwerk. Deshalb brauchen Frauen auch einfach mehr davon!

Für die Damen

Der Schuh steht immer in Beziehung zu Material, Schnitt und Stil der übrigen Kleidungsstücke. Ziehen Sie beim Schuhkauf deshalb das Teil an, zu dem Sie einen Schuh suchen. Vergleichen Sie verschiedene Schuhmodelle.

Gerade bei Röcken oder kürzeren Hosenformen fällt der Blick auf Fußform, Knöchel, Knie und teilweise Oberschenkel. Wie sehen diese Bereiche bei Ihnen aus?

Beispiel: *Wenn Sie einen sehr schlanken Knöchel haben und einen Schuh mit einem gröberen Absatz tragen, wirkt der Schuh gleich wie ein Klotz am Bein, während der gleiche Schuh bei einer Dame mit kräftigem Knöchel absolut passend ist.*

Probieren Sie Schuhe aus unterschiedlichen Materialien zu Ihrem Outfit aus. Bei einem sehr feinen Stoff kann eine glatte oder sogar Lackoptik hervorragend passen, während bei einem Wollstoff vielleicht ein raues Leder oder Nubuk zu bevorzugen ist.

Ein Schuh mit etwas Absatz streckt das Bein und es wirkt dadurch schlanker. Ein Absatz sollte so hoch sein, dass Sie gut damit laufen können, ohne zu schwanken. Zentimeterangaben helfen da nicht weiter, Sie müssen es ausprobieren.

Für die Herren

Sie tragen zwar in der Regel im Berufsleben keine kurzen Beinkleider, doch auch Sie brauchen verschiedene Schuhe, um für verschiedene Anlässe gewappnet zu sein.

Zu einem Anzug oder einer edlen Hose ist ein schwarzer Glattlederschuh mit einer dünnen Sohle (Ledersohle) ein Allrounder. Dieser Schuh kann auch zu einer etwas feineren Jeans getragen werden. In Kombination mit einem etwas sportlicheren Sakko sind Sie damit gut, aber nicht overdressed gekleidet.
Tragen Sie Hosenstoffe mit Struktur, wie gröbere Jeansstoffe und Cord, sollte auch das Schuhwerk etwas robuster sein. Es gibt eine große Auswahl an Nubukschuhen, die in einer klassischen Schuhform edel und sportiv zugleich wirken, dabei lässt sich mit Verschiedenfarbigkeit ein schöner Akzent setzen.

Überraschende Tatsache
Die Form des Schuhs beeinflusst bei Männern sogar die Wirkung des Gesichtes!

Test: Ziehen Sie an einem Fuß einen Schuh mit abgerundeter Form an und am anderen Fuß eine kantige Variante. Vergleichen Sie und beobachten Sie, wie sich die Wirkung des Gesichtes verändert.

Schuhe als formgebendes Element

Form, Farbe, Muster und Absatzhöhe sind Elemente, die unterschiedliche optische Effekte schaffen. So lässt sich beispielsweise eine optische Verkürzung des Beines und Fußes durch folgende Attribute erreichen:

- eckige und breitere runde Schuhform
- Quernähte
- hoher Schaft

- Absätze, die nach innen verlaufen
- andersfarbige Schnürung
- Schuhfarbe im Kontrast zu Hose oder Strumpf
- Fessel-Riemchen bei Sandalen

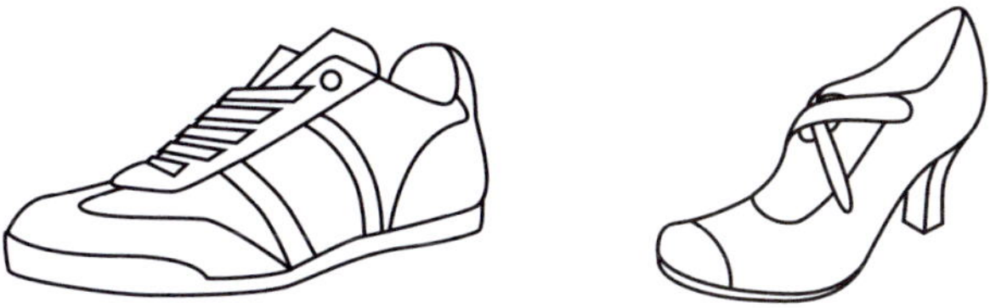

Abb. 3: Diese Schuhe verkürzen den Fuß optisch.

Eine optische Verlängerung des Beines und des Fußes sind möglich durch:

- spitze, schmale runde Schuhformen
- Längsnähte
- ausgeschnittene Schuhe
- gerade eingesetzte Absätze
- flache Schuhe
- Schuh-, Hosen- und Strumpffarbe so wählen, dass sie eine Linie bilden

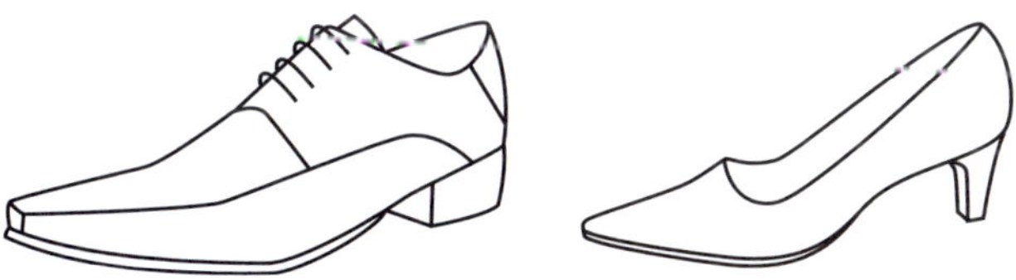

Abb. 4: Diese Schuhe verlängern den Fuß optisch.

Schuhe in auffallenden Farben

Ein farblich vom Outfit abweichender Schuh lenkt den Blick des Betrachters nach unten anstatt ins Gesicht. Das kann für Betrachter und Träger wenig förderlich sein, wenn beispielsweise bei einem Vortrag die Aufmerksamkeit des Publikums auf den optischen Reiz der Schuhe gezogen wird und der Sprecher oder die Rede dadurch in den Hintergrund geraten.

Farbige Schuhe wirken besonders interessant, wenn die Farbe im Gesamt-Outfit aufgenommen wird, z. B. im Gürtel oder Oberteil, in der Handtasche oder im Schmuck.

Und was ist mit den Strümpfen?
Zum Schuh passende Strümpfe wirken elegant, bunte Strümpfe, wie sie gerade in Mode gekommen sind, eher exzentrisch. Passt der bunte Strumpf zu Ihrer extravaganten Art, dann herzlichen Glückwunsch.

30 *Schuhe sind die Basis unserer Garderobe. Sie sollten daher zu unserem Outfit und Typ passen, außerdem können wir durch unser Schuhwerk auch persönliche Akzente setzen. Geschickt gewählt, lassen bestimmte Schuhformen unser Bein länger und schlanker oder unseren Fuß kleiner wirken. Wer gern extravagantes Schuhwerk trägt, sollte sich vergewissern, dass die Aufmerksamkeit seines Publikums dennoch auf die eigene Botschaft bzw. Persönlichkeit fokussiert bleibt.*

4.5 Special: Markenzeichen kreieren

In unserer visuell geprägten Welt kann ein wiedererkennbares Markenzeichen uns dabei unterstützen, uns aus der Masse von Mitbewerbern herauszuheben und unverwechselbar zu werden. Markenzeichen erregen Aufmerksamkeit – Sie kommen darüber schnell ins Gespräch.

Was für den einen die markante Brille ist, könnten bei dem anderen die roten Schuhe oder eine Fliege sein. In jedem Fall erfordert ein sichtbares Markenzeichen Mut und Selbstbewusstsein.

Wichtig ist, dass dieses Aushängeschild zu Ihnen passt. Sie müssen sich damit identifizieren können, sich wohlfühlen und souverän dieses Accessoire für sich reklamieren. Dabei gilt: Sie dominieren das Accessoire und nicht umgekehrt, sonst wird das Markenzeichen zur inhaltsleeren Farce.

Eines ist im Voraus schon sicher – nicht jeder wird begeistert von Ihrem Markenzeichen sein, deshalb sollten Sie die entsprechende Begeisterung selbst leben. Und noch etwas sollten Sie sich klarmachen: Wenn Sie mal ohne Ihre „Signatur“ unterwegs sind, werden Sie unter Umständen nicht mehr erkannt.

Farbe als Markenzeichen

Rote Schuhe, ein orangefarbener Schal oder gar ein einfarbiges Komplett-Outfit – vieles ist möglich. Wählen Sie jedoch eine Farbe, die Sie auch gut aussehen

lässt, es sei denn, Sie möchten „schräg" auffallen. Ebenso sollte die Möglichkeit der Neuanschaffung Ihres Markenzeichens über Jahre gewährleistet sein, unabhängig von Modevorgaben und der Jahreszeit. Vor allem bei Ganzkörper-Outfits kann dies auf Dauer schwierig werden.

Komplett in Schwarz gekleidete Personen sind derzeit en vogue. Klar, Schwarz gibt es schließlich in Hülle und Fülle, auf Dauer wirkt es jedoch ziemlich fade und trist und je nach Typ zudem sehr dominant oder gar autoritär.

Ebenso tragen bereits unzählige Personen rote Schuhe als Markenzeichen. Wählen Sie Ihre Farbe also mit Bedacht, sonst könnten Sie als Nachahmer eingestuft werden.

Was kann zum Markenzeichen werden?

Es ist alles möglich, was Ihre persönliche Wirkung glaubhaft formt und prägt. Denn wie alle visuellen Elemente sprechen auch Markenzeichen ihre eigene Sprache, die von ihrer Zielkundschaft durchaus verstanden wird.

Auch ein körperliches Merkmal wie beispielsweise die Körpergröße, eine Glatze oder auffällig blaue Augen kann zum Markenzeichen werden. Und es gibt Menschen mit einer herausragenden persönlichen Ausstrahlung, die kein äußeres Markenzeichen benötigen, denn das wäre zu viel des Guten.

Ebenso sollten Sie bei der Suche nach Ihrem persönlichen Erkennungszeichen eine Portion Geduld mitbringen, denn manche markanten Lieblingsstücke werden zufällig entdeckt. Die Wirkung eines Markenzeichens ist dann erreicht, wenn man beim Anblick dieses Zeichens an Sie denkt!

30 ***Ein gelungenes Outfit-Tuning bezieht Ihre Gesamterscheinung mit ein. Dazu gehören die Frisur und der Bart ebenso wie die sogenannten Accessoires (zum Beispiel Brille, Krawatte, Schmuck oder Tücher) und das Schuhwerk. Mit der stilvollen Kombination von Kleidung und Accessoires lässt sich Ihr Auftritt wirkungsvoll abrunden.***
Dabei hat sich die Brille längst von der einfachen Sehhilfe zum stilbildenden Element entwickelt. Bei der Wahl des geeigneten Modells spielen Form, Farbe und Größe eine wichtige Rolle – sie sollten passend zum Teint, der Gesichtsform und dem Augenabstand gewählt werden.
Auch Ihre Frisur prägt Ihr Erscheinungsbild entscheidend. Nehmen Sie den nächsten Friseurbesuch zum Anlass, Haarschnitt und -farbe zu hinterfragen: Passen diese zu Ihrem Gesicht und Ihrer Persönlichkeit? Das Gleiche gilt für den Bart. Überprüfen Sie kritisch: Entsprechen Ihre Accessoires der gewünschten Wirkung und setzen Sie sie bereits gezielt ein? Machen Sie eine neutrale

Bestandsaufnahme Ihrer Krawatten, Tücher und Co. Was kann weg und was sollte ergänzt werden? Lässt sich aus den schmückenden Beiwerken ein Markenzeichen kreieren?

30 MINUTEN

5. Performance in den Medien

Haben Sie sich bereits Gedanken über Ihr Erscheinungsbild im Web gemacht? Gut so, denn der erste Klick auf die Profil-Seite „Über mich“ oder Ihr Facebook-Profil ist entscheidend: Findet der User in Ihrem Konterfei die erwartete Kompetenz, Sympathie und Verbindlichkeit, geht es weiter, wenn nicht: klick und weg!

Bedenken Sie: Sie selbst sind Ihr bestes Marketing-Tool, ob in einem statischen oder bewegten Bild oder in natura. Wer sich selbst und sein Angebot authentisch inszeniert, kann gezielt Wunschkunden anziehen. Überlassen Sie deshalb diese Selbstinszenierung nicht dem Zufall oder allein dem Fotografen.

5.1 Professionelle Präsenz in der virtuellen Welt

„Sie sehen ja aus wie auf Ihrem Foto, ich habe Sie gleich erkannt!" Dieser Ausspruch ist die höchste Auszeichnung, wenn es um ein authentisches Profilbild geht. Im Zeitalter von Fotoshop & Co. werden Gesichter oft glatt gebügelt, sodass jede Mimik erstarrt. Fältchen sind jedoch kein Makel, sondern ein Zeichen von Lebenserfahrung und machen sympathisch. Deshalb ist Authentizität das wichtigste Kriterium für einen gelungenen Auftritt – im Web ebenso wie in der realen Welt.
Um im Internet einen guten Eindruck zu machen, sollten wir uns darüber im Klaren sein, dass wir uns mit einem statischen Foto präsentieren – dies zeigt nur einen Ausschnitt unseres „Selbst". Wir können weder mit lebhafter Gestik noch mit brillantem Fachwissen oder einer überzeugenden Argumentation einen nachhaltigen Eindruck hinterlassen.

Gut aussehen auf dem Bildschirm

Die meisten Webfotos bilden nur das Gesicht und einen Ausschnitt vom Oberkörper oder Kopf- und Halsbereich ab. Statistiken zeigen: Der erste Blick der Männer gilt den Augen, während Frauen sich zuerst Nase und Mund anschauen. Doch dann schweift das Auge in Millisekunden weiter zur Frisur und zu Merkmalen wie beispielsweise der Brille. Aus diesem Grund ist ein passender Haarschnitt der erste große Schritt auf dem

Weg zum gelungenen Profilbild (mehr Infos zum Thema Frisur in Kapitel 4.2).

Bei der Vorbereitung Ihres Fototermins sollten Sie Folgendes beachten:

- Kommen Sie nur dann frisch vom Friseur zum Foto-Shooting, wenn Sie sich der professionellen Friseurleistung sicher sein können. Aufgeplusterte oder unbeweglich gesprühte Haare entsprechen nicht Ihrem Alltagslook, oder?
- Nehmen Sie zum Fototermin zwei bis drei unterschiedliche Outfit-Favoriten mit, damit Sie wechseln können. Bitten Sie den Fotografen, Ihnen die ersten Bilder direkt zu zeigen, denn häufig wirkt ein Outfit ganz anders als gedacht, sodass man ein anderes ausprobieren sollte.

Farben und Muster fürs Foto-Shooting:

Bei der Wahl der Kleidung sind zunächst die Farben zu beachten:

- Für eine kompetente Wirkung im Businessbereich sind klassisch-zeitlose Töne wie Blau, Grau oder Anthrazit unverzichtbar. Sie signalisieren Klarheit, Verbindlichkeit und auch Ruhe.
- Individualisiert werden diese Klassiker durch bunte Farben oder helle Kontrastfarben.
- Schwarz sieht bei dunkelhaarigen Menschen in natura häufig sehr gut aus, kann aber auf dem Foto hart und abweisend wirken.

Probieren Sie einmal Schwarz und Anthrazit im Vergleich und kombinieren Sie das mit einer farbigen Krawatte bzw. (für die Damen) mit einem farbigen Shirt. Hellere Farbtypen sollten hier zu mittleren Farbintensitäten greifen. Starke und große Muster in der Kleidung lenken die Aufmerksamkeit ab und sollten deshalb sparsam eingesetzt oder ganz vermieden werden. Zu viel Farbe und Glanz sind ebenfalls kontraproduktiv, da sie durch den Blitz beim Fotografen verstärkt werden und die Person überstrahlen.

Der richtige Stil fürs Foto-Shooting:

Möchten Sie Kompetenz vermitteln, ist ein Kragen unverzichtbar. Er ist ein wichtiges, proportionsgebendes Element. Bei der Wahl des richtigen Kragens müssen jedoch einige Punkte beachtet werden:

- Zu hochgeschlossen macht ein Kragen einen kurzen Hals und wirkt distanzierend.
- Freizügig oder weit offen lässt er tief blicken und zeigt wenig Professionalität.
- Die Größe des Kragens sollte mit der Gesichtsfläche harmonieren, denn auf vielen Fotos steht der Kragen zu sehr im Vordergrund.
- Bei Hemd- oder Blusenkragen sollten Sie auf eine gute Form achten, denn ein schlabbriger Kragen hat auch eine entsprechende Wirkung.

Für eine weniger formelle Wirkung reichen ein Blusen- oder Hemdkragen oder eine Jacke mit Kragen aus.

Selbst Jeans- oder Lederjacken sind möglich. Je formeller die gewünschte Wirkung, desto edler und kontrastreicher sollte die Kombination sein. Ein helles Hemd und dazu ein dunkleres Sakko für die Herren sowie Bluse/Shirt in einer helleren Farbe unter einem dunkleren Blazer für die Damen sind die richtige, wenn auch konventionelle Wahl.
Die Krawatte ist ein perfekter Schmuck für die Herren, da sich damit jede Anzug-„Uniform" individualisieren lässt. Muster und Kontrast sollten jedoch typgerecht gewählt sein.

Stilexperimente sind etwas für Modeprofis!
Wer kein absolut sicheres Händchen für Mode hat, sollte im Zweifelsfall besser auf Nummer sicher gehen. So wirkt ein dunkles Hemd unter einem dunklen Sakko eher distanzierend und trist als künstlerisch. Eine hellere Krawatte auf dunklem Untergrund lenkt den Blick des Betrachters auf den starken Farbkontrast und dadurch weg vom Gesicht. Die Damen können ein zur Proportion und zum Ausschnitt passendes Schmuckstück einsetzen, sollten jedoch auf wallende Tücher verzichten.

Hintergrund-Story: der passende Rahmen

Der richtige Hintergrund stellt Sie in den Vordergrund. Ein schwarzer Anzug vor schwarzem Hintergrund ist wenig spannend und wirkt trist. Besprechen Sie deshalb vorab mit Ihrem Fotograf den gewünschten Effekt und teilen Sie ihm mit, welche Farben Sie beim Foto-Shooting anziehen möchten.

Neben der üblichen Studio-Fotografie eignen sich auch Außenaufnahmen oder Aktionsfotos in Ihrem Büro am Schreibtisch. Denn dort haben Sie die Möglichkeit, sich gleich in Verbindung mit Ihrem Business zu präsentieren.
Der Hintergrund kann subtile Botschaften zu Ihrem Business vermitteln und die Glaubwürdigkeit steigern. Beispielsweise können Sie sich als Redner mit Mikro in der Hand ablichten lassen oder durch schicke Bürogebäude im Hintergrund Ihren Businesskontext stärker hervorheben.
Vergleichen Sie vorab die Bilder Ihrer Mitbewerber und finden Sie heraus, was Ihnen bei diesen Aufnahmen am besten gefällt und auch zu Ihrer Person passt. Vorsicht bei sehr auffälligen Farben oder unruhigen, gemusterten Hintergründen. Diese stehlen Ihnen die Show.

Soziale Netzwerke

Zum Schluss noch ein paar Worte zu den sozialen Netzwerken: Was nützt das kompetenteste Profilfoto auf einem Business-Netzwerk oder Ihrer Website, wenn der potenzielle Kunde anschließend auf Ihr Facebook-Profil wechselt und dabei auf Fotos stößt, die Sie eher von der unprofessionellen Seite zeigen?
Bedenken Sie: Das Internet vergisst nie! Wählen Sie sorgfältig aus, was Sie von Ihrem Privatleben offenbaren möchten und was nicht. Natürlich darf man sich auf Facebook & Co. auch familiär und bei seinen Hobbys

zeigen, doch seien Sie sich bewusst, dass alle Fotos, die Sie online stellen, archiviert sind und jederzeit wieder auftauchen können.

Gerade bei der Internetpräsenz gilt es, unseren Auftritt sorgfältig zu inszenieren. Ein authentisches, professionelles Profilbild im passenden Businessrahmen ist ein wichtiges Element zur gekonnten Selbstdarstellung. Bedenken Sie, dass Ihr Profilbild statisch ist und nur einen Ausschnitt von Ihnen zeigt. Die Wahl der passenden Kleidung und des richtigen Hintergrundes sind deshalb von elementarer Bedeutung.

5.2 Styling-Tipps für den TV-Auftritt

Sind Sie als Talkgast zu einem fachspezifischen Thema eingeladen (d. h., Sie sind live im Fernsehen zu sehen) oder treten Sie in einer Sendung auf, die im Vorfeld produziert wird? In beiden Fällen können Sie sich wirkungsvoll in Szene setzen – doch vorher stellt sich die Frage nach dem perfekten TV-Outfit.
Die ideale Kleidung und die Wahl der Accessoires richten sich wie immer nach der von Ihnen gewünschten Wirkung. Als Politiker werden Sie sich anders kleiden als eine Psychologin, die sich zu Lebenshilfe-Themen äußert.

Farben und Muster

Sie haben in den vorausgegangenen Kapiteln bereits erfahren, was in Sachen Kleidungsstil, Accessoires und Farbe alles möglich ist und was es dabei zu beachten gilt. Beim Dreh oder live auf Sendung ist es darüber hinaus wichtig, zu berücksichtigen, dass die Lichtverhältnisse im Studio sowie die technischen Aufnahmeverfahren die Wirkung der Farben und Farbkontraste Ihrer Kleidung beeinflussen:

- Schwarz: Schwarz schluckt einfallendes Licht, sodass sich je nach Beleuchtung die Konturen verlieren. Das heißt, ein Arm hebt sich optisch nicht mehr vom Oberkörper ab – es entsteht eine formlose dunkle Fläche.
- Weiß: Weiß reflektiert Licht, was dazu führen kann, dass weiße Kleidung das generelle Erscheinungsbild überstrahlt.
- Schwarz-Weiß-Kombinationen sind möglich, haben jedoch eine sehr hohe Kontrastwirkung und wirken daher schnell hart und distanziert.
- Rot: Kräftiges Rot neigt ebenso wie jede andere „Knallfarbe“ dazu, am äußeren Rand unscharf zu werden oder gar auszubluten. Auch dies strengt die Augen des Betrachters an und lenkt außerdem vom Gesicht ab.
- Blau und Grün: Hier gilt es zu beachten, dass sogenannte Blue- oder Green-Screen-Verfahren sehr häufig eingesetzt werden. Sollte diese Technik auch bei Ihrem Interview zum Einsatz kommen, dürfen Sie

die entsprechenden Farben nicht tragen, da sich die Körperkontur sonst nicht mehr von dem Hintergrund abhebt und beim technischen Einblenden eines Hintergrunds auch das jeweilige Kleidungsstück durch das Bild „ersetzt" wird. Dies wird man Ihnen jedoch sicher vorher mitteilen, sodass Sie sich einfach an die entsprechenden Empfehlungen halten können.

- Muster: Kleine Karomuster und feine Streifen werden trotz moderner Technik auf dem Bildschirm nicht klar abgebildet. Das Bild scheint zu flimmern. Große und kontrastreiche Muster wirken schnell ablenkend.

Weitere Empfehlungen

Abschließend möchte ich Ihnen noch einige weitere Empfehlungen mit auf den Weg geben, damit Sie vor der Kamera durchwegs professionell und sympathisch wirken.

- Make-up: In der „Maske" können Sie sich ruhig den Profis anvertrauen, denn TV-Make-up hat nur wenig mit unserem täglichen Schminken zu tun. Auch Männer kommen bei einem TV-Auftritt nicht um die Maske herum.
- Haar: Verzichten Sie auf glänzende Styling-Produkte, da ansonsten Ihr Haar Ihr Gesicht überstrahlt. Ihr Haar kann dadurch zudem fettig wirken.
- Accessoires: Accessoires sollten eher dezent eingesetzt werden, da sie je nach Kameraeinstellung sehr

groß wirken können. Deshalb ist vor der Kamera Zurückhaltung Trumpf.

- Röcke und ärmelfreie Tops: Bedenken Sie, dass Sie möglicherweise sitzend gefilmt werden. Ein ständiges Rockrichten lenkt ab. Die Naheinstellungen der Kamera machen außerdem vieles sichtbar. Überlegen Sie sich also im Vorfeld gut, was Sie zeigen möchten.
- Strümpfe: Als Mann sollten Sie auf eine gute Sitzposition achten, sodass die Hose nicht zu hoch rutscht. Lange Strümpfe verdecken ebenfalls die nackten Waden.
- Material: Knitterfreie Stoffe sind ideal. Durch die Lichtreflexion können nämlich schon kleine Falten in Ihrer Kleidung zu ablenkenden Elementen werden.

30 ***Ihr Erscheinungsbild in den digitalen Medien bedarf ebenfalls Ihrer Aufmerksamkeit. Es lohnt sich, professionelle Porträtfotos für die Homepage und/oder soziale Netzwerke erstellen zu lassen. Achten Sie darauf, dass Bilder für die Webpräsenz bestimmten Regeln folgen: Die richtige Wahl von Bildausschnitt und Hintergrund sowie ein Bewusstsein für die Kontrast- und Farbwirkung Ihres Outfits sind wichtige Grundlagen für eine gelungene Performance im Netz.***

Auch vor der Fernsehkamera ist die Farb- und Kontrastwirkung Ihres Outfits unbedingt zu beachten. Zu knallige Farben überstrahlen Sie, zu

harte oder zu geringe Kontraste können Konturen verzerren oder aufweichen. Bei Nahaufnahmen sind Sie vollformatig im Bild – beachten Sie dies bei der Auswahl von Schmuck, Krawatte und weiteren Accessoires. Knitterfreies und nicht glänzendes Material ist eine gute Wahl.

Fast Reader

1. Aussehen und Erfolg

Das Erscheinungsbild trägt maßgeblich zum Personal Branding und damit zum Erfolg bei; es transportiert in Millisekunden Botschaften über den Träger. Werden Sie sich bewusst, welche Signale Sie durch Ihr Erscheinungsbild aussenden, und setzen Sie diese als persönlichen Wirkungsverstärker gezielt ein.

So erhalten Sie eine realistische Einschätzung Ihrer persönlichen Wirkung:

- ***Beobachten Sie, was Sie bei anderen Menschen anspricht oder abstößt.***
- ***Listen Sie die positiven und negativen Merkmale Ihrer äußeren Erscheinung in der Eigenwahrnehmung auf und vergleichen Sie diese Selbsteinschätzung mit der Wahrnehmung Ihnen vertrauter und ehrlich zugewandter Personen. Ziehen Sie Bilanz.***

- ***Erstellen Sie sich eine Liste der Wirkungen, die Sie durch Ihr Erscheinungsbild erzielen möchten.***

2. Kleidung, die anzieht

Ein objektiver Blick auf Ihre Körperproportionen und die gewünschte Stilaussage ist der erste Schritt auf dem Weg zur idealen Garderobe. Empfehlung: Nehmen Sie sich Zeit, sich mit Ihrem Körperbau und Ihren Proportionen zu befassen, und ermitteln Sie Ihr individuelles Körperprofil. Anhand dessen können Sie gezielt Ihre Stärken betonen, um Schwächen zu kaschieren.

Finden Sie nun heraus, was Ihnen steht:
- ***Durch die Länge, die Form und den Schnitt Ihrer Kleidung lassen sich Proportionen ausgleichen und sichtbar verändern.*** 30
- ***Betrachten Sie aufmerksam den Inhalt Ihres Kleiderschrankes: Welche Schnitte, Materialien und Muster herrschen vor. Gibt es bei Ihnen Vielfalt oder sieht alles ähnlich aus?***
- ***Schenken Sie Ihrem täglichen Outfit bewusste Aufmerksamkeit und testen Sie Kleidungsstücke mit unterschiedlichen Längen, Weiten und Materialien sowie verschiedene Accessoires aus.***

3. Outfit-Tuning mit Farbe

Farben haben durch ihre Intensität, ihre Kontrastmöglichkeiten sowie ihre Temperatur einen direkten Einfluss auf unser Aussehen. Im Idealfall unterstreichen sie unsere natürliche Farbausstrahlung und können – gezielt eingesetzt – Körperproportionen ausgleichen.
Zusätzlich lassen sich durch psychologische Farbaspekte nonverbale Botschaften transportieren. So strahlen Sie beispielsweise mit dunklen Farben Kompetenz aus, weshalb dunkle Farbtöne gerade im Businessbereich gerne getragen werden. Zu dunkle Kleidung kann jedoch unter Umständen auch hart und distanziert wirken.

30 ***So finden Sie heraus, welche Farben für Sie optimal sind:***

- ***Werfen Sie einen kritischen Blick in Ihren Kleiderschrank: Welche Farbtöne dominieren? Herrscht ein Grau in Grau oder ein buntes Durcheinander?***
- ***Vergleichen Sie anhand der Kriterien Farbtemperatur, Kontrast und Intensität den Einfluss der Farben auf Ihren Teint, Ihre Haar- und Ihre Augenfarbe.***
- ***Wie wirkt sich die Farbverteilung Ihres Lieblings-Outfits oder der bewährten Business-Kleidung auf Ihre Proportionen aus?***

4. Gut gestylt bis ins Detail

Mit der stilvollen Kombination von Kleidung und Accessoires lässt sich Ihr Auftritt wirkungsvoll vervollständigen. Dazu gehören Ihre Frisur und bei den Herren der Bart ebenso wie die sogenannten Accessoires (zum Beispiel Brille, Krawatte, Schmuck oder Tücher) und natürlich auch die Schuhe.

So sorgen Sie dafür, dass jedes Detail Ihres Erscheinungsbilds stimmig ist: 30

- ***Die Kriterien bei der Wahl einer typgerechten Brille sind Form, Farbe und Größe: Die Farbe sollte zum Teint passen, bei Form und Größe gilt es, Gesichts- und Brauenform sowie den Augenabstand zu berücksichtigen.***
- ***Machen Sie eine objektive Bestandsaufnahme Ihrer Krawatten, Tücher und Co.: Was kann weg und wo lohnt es sich, weitere Teile zu ergänzen?***
- ***Nehmen Sie den nächsten Friseurbesuch zum Anlass, Ihren Haarschnitt und Ihre Haarfarbe zu überprüfen. Passen diese zu Ihren Proportionen und Ihrer Persönlichkeit? Das Gleiche gilt für den Bart – er sollte ein idealer Proportions- und Stilgeber für Sie sein.***
- ***Entsprechen Ihre Accessoires der gewünschten Wirkung und setzen Sie diese gezielt ein?***

- ***Lässt sich aus den schmückenden Beiwerken ein Markenzeichen kreieren?***

5. Performance in den Medien

Sie selbst sind Ihr bestes Marketing-Tool, ob in einem statischen oder bewegten Bild oder in natura. Daher sollten Sie sich auch über Ihren Auftritt im Internet Gedanken machen. Ganz besonders wichtig ist Ihr Erscheinungsbild auch dann, wenn Sie die Chance haben, im Fernsehen aufzutreten. Überlassen Sie diese Selbstinszenierung nicht dem Zufall oder allein dem Fotografen bzw. Kameramann.

30 ***Achten Sie beim Foto-Shooting für Ihre professionelle Webpräsenz sowie bei der Vorbereitung eines TV-Auftritts auf***

- ***die richtige Wahl von Ausschnitt und Hintergrund (Foto),***
- ***die Kontrast- und Farbwirkung Ihres Outfits (zu knallige Farben überstrahlen Sie, zu kontrastarme Kleidung weicht Ihre Wirkung auf),***
- ***Ihre Frisur, Halsausschnitt, Schmuck und Brille (denn Sie sollten im Fokus stehen) und***
- ***knitterfreies und nicht glänzendes Material.***

Die Autorin

Petra Waldminghaus arbeitet seit 2001 als Image Consultant. Durch ihre Coachings für internationale Unternehmen, Mittelständler und Freiberufler kennt sie die Anforderungen an eine professionelle optische Performance.

Als Geschäftsführerin des deutschlandweiten Beratungsnetzwerkes für Imageberater (www.corporatecolor.de) entwickelt sie Konzepte rund um Farbe, Stil und Image und bildet seit vielen Jahren neue Berater aus unterschiedlichen Branchen aus und weiter.

Die Speakerin bringt ihre Themen authentisch, unverkrampft und direkt umsetzbar auf die Bühne. Seit dem Erscheinen ihres Brillenfachbuches ist sie auch über die Grenzen Deutschlands hinaus als Brillenexpertin bekannt.

Kontakt:
Petra Waldminghaus
Tel. 0160/94988440
E-Mail: pw@petra-waldminghaus.de
www.petra-waldminghaus.de
www.corporatecolor.de

Weiterführende Literatur

- Braem, Harald: Die Macht der Farben: Bedeutung & Symbolik. Signum, 2012

- Kruschinski, Kerstin; Waldminghaus, Petra: Brillenberatung mit System. Verkaufen mit Stylingkompetenz. DOZ-Verlag, 2014

- Waldminghaus, Petra: Stilunterlagen des Corporate-Color-Netzwerk-Beratungssystems, bestehend aus 30 doppelseitig bedruckten Einzelseiten

- Waldminghaus, Petra: Typberatung Frau: Basiswissen in 50 x 2 Minuten. Heragon Verlag, 2011

- Waldminghaus, Petra; Waldminghaus, Holger: Typberatung Mann: Basiswissen in 50 x 2 Minuten. Heragon Verlag, 2011

Register